环境工程的全过程控制管理问题研究

李珊珊　刘继凯　张景兰　著

吉林科学技术出版社

图书在版编目（CIP）数据

环境工程的全过程控制管理问题研究 / 李珊珊，刘
继凯，张景兰著. -- 长春 : 吉林科学技术出版社，2023.5
　ISBN 978-7-5744-0448-9

　Ⅰ．①环… Ⅱ．①李… ②刘… ③张… Ⅲ．①环境工
程－工程项目管理 Ⅳ．①X5

中国国家版本馆 CIP 数据核字(2023)第 105707 号

环境工程的全过程控制管理问题研究

著	李珊珊　刘继凯　张景兰
出 版 人	宛　霞
责任编辑	王　皓
封面设计	正思工作室
制　　版	林忠平
幅面尺寸	185mm×260mm
开　　本	16
字　　数	260 千字
印　　张	11.75
印　　数	1–1500 册
版　　次	2023年5月第1版
印　　次	2024年1月第1次印刷

出　　版	吉林科学技术出版社
发　　行	吉林科学技术出版社
地　　址	长春市福祉大路5788号
邮　　编	130118
发行部电话/传真	0431-81629529 81629530 81629531
	81629532 81629533 81629534
储运部电话	0431-86059116
编辑部电话	0431-81629518
印　　刷	廊坊市印艺阁数字科技有限公司

书　　号	ISBN 978-7-5744-0448-9
定　　价	70.00元

前　言

随着人类社会的不断飞跃发展，人类与环境不断地相互影响和作用，同时也伴随着日益严重的环境问题。污染问题是人类社会面临的主要环境问题，它也是人类社会活动的必然产物。环境问题已成为危害人们健康，制约经济发展和社会稳定的重要因素。当前我国环境污染问题主要表现在：水资源短缺而且污染严重、城市大气污染严重、土壤污染加剧及固体废弃物污染等。本文在此背景下系统深入地对几种典型环境污染的原因、来源、危害、产生机理等进行了分析，同时概述了综合防治措施及污染治理最新技术，以满足环境污染学科发展的需要。发展经济和保护环境，在人类工业化进程中一直是一对难以协调的矛盾。改革开放以来，在快速工业化进程中，在意识、制度和能力上，中国都没有做好充分准备，造成了环境遭受污染、生态环境被破坏的不良后果。

在经济发展与生态环境制约日益紧张的 21 世纪，世界各国也越来越重视可持续发展，因而，明确生态环境具体情况及敏感区域；指导企业防范生态环境风险，识别相关生态环境敏感区和脆弱区，积极参与当地生态环境保护；促进沿线国家生态环境政策的接驳、生态环境问题的解决、生态环境合作的深入，以及生态环境合作服务与保障体系的建立。

地球环境是一个复杂的生态系统，解决人类面临的环境问题需要各专业相互合作及多学科协同发展。本书内容涵盖环境保护的相关分支学科，侧重介绍解决环境问题的技术方法和途径。通过环境工程的实践，让学生发现解决环境问题中存在的技术难题和经济制约，从而使学生树立绿色消费及清洁生产的理念。本书力求体现目前环境污染控制最新技术及我国环境管理的最新发展现状，目的在于促使学生关注我国的环境问题，提高他们的环境道德素质。

编委会

目 录

第一章　环境与环境污染

第一节　环境基础知识

一、环境的概念

环境是相对于中心事物而言的，是相对于主体的客体。环境是指影响人类生存和发展的各种天然的和经过人工改造的自然因素的总体，包括大气、水、海洋、土地、矿藏、森林、草原、野生生物、自然遗迹、人文遗迹、风景名胜区、自然保护区、城市和乡村等。

在环境科学领域，环境的含义是以人类社会为主体的外部世界的总体按照这一定义，环境包括了已经为人类所认识的直接或间接影响人类生存和发展的物理世界的所有事物。它既包括未经人类改造过的众多自然要素，如阳光、空气、陆地、天然水体、天然森林和草原、野生生物等等；也包括经过人类改造过和创造出的事物，如水库、农田、园林、村落、城市、工厂、港口、公路、铁路等等。它既包括这些物理要素，也包括由这些要素构成的系统及其所呈现的状态和相互关系。

环境是人类进行生产和生活的场所，是人类生存和发展的物质基础。人类对环境的改造不像动物那样，只是以自己的存在来影响环境，用自己的身体来适应环境，而是以自己的劳动来改造环境，把自然环境转变为新的生存环境，而新的生存环境再反作用于人类。人类的生存环境不是从来就有的，它的形成经历了一个漫长的发展过程。我们赖以生存的环境，就是这样由简单到复杂，由低级到高级发展而来的。它既不是单纯地由自然因素构成，也不是单纯地由社会因素构成。它凝聚着自然因素和社会因素的交互作用，体现着人类利用和改造自然的性质和水平，影响着人类的生产和生活，关系着人类的生存和健康。

人类对自然的利用和改造的深度和广度，在时间上是随着人类社会的发展而发展的，在空间上是随着人类活动领域的扩张而扩张的。虽然，迄今为止，人类主要还是居住于地球表层，但有人根据月球引力对海水的潮汐有影响的事实，提出月球能否视为人类生存环境的问题。现阶段没有把月球视为人类的生存环境，任何一个国家的环境保护法也没有把月球规定为人类的生存环境，因为它对人类的生存和发展影响很小但是，随着宇宙航行和空间科学技术的发展，总有一天人类不但要在月球上建立空间实验站，还要开发利用月球上的自然资源，使地球上的人类频繁往来于月球与地球之间。到那时，月球当然就会成为人类生存环境的重要组成部分。所以，人们要用发展的、辩证的观点来认识环境。

二、环境的分类和组成

(一) 环境的分类

环境是一个庞大而复杂的体系，人们可以从不同的角度或不同的原则，按照人类环境的组成和结构关系将它进行不同的分类。

按照环境的范围大小，可把环境分为特定的空间环境、车间环境、生活区环境、城市环境、区域环境、全球环境和星际环境等。

按照环境的要素，可把环境分为大气环境、水环境、土壤环境、生物环境和地质环境等。

按照环境的功能，可把环境分为生活环境和生态环境。

按照环境的主体，可以分为两种体系：一种是以生物体（界）作为环境的主体，而把生物以外的物质看成环境要素（在生态学中往往采用这种分类方法）；另一种是以人或人类作为主体，其他的生物和非生命物质都被视为环境要素，即环境指人类生存的氛围。在环境科学中采用的就是第二种分类方法，即趋向于按环境要素的属性进行分类，把环境分为自然环境和社会环境两种。自然环境是社会环境的基础，而社会环境又是自然环境的发展。自然环境是指环绕人们周围的各种自然因素的总和，如大气、水、植物、动物、土壤、岩石矿物、太阳辐射等。自然环境是人类赖以生存的物质基础。通常把这些因素划分为大气圈、水圈、生物圈、土壤圈、岩石圈五个自然圈。人类是自然的产物，而人类的活动又影响着自然环境。社会环境是指人类在自然环境的基础上，为不断提高物质和精神文化生活水平，通过长期有计划、有目的的发展，逐步创造和建立起来的高度人工化的生存环境，即由于人类活动而形成的各种事物。

(二) 环境的组成

人类的生存环境，可由近及远，由小到大地分为聚落环境、地理环境、地质环境和星际环境，形成一个庞大的多级谱系。

1. 聚落环境

聚落是人类聚居的场所、活动的中心。聚落内及其周边生态条件，成为聚落人群生存质量、生活质量和发展条件的重要内容。聚落及其周围的地质、地貌、大气、水体、土壤、植被及其所能提供的生产力潜力，聚落与外界交流的通达条件等，直接影响着区域内居民的健康、生活保障和发展空间。聚落的形成及其在不同地区、不同民族所表现的不同模式，是人、地关系和区域社会经济历史演化的结果。聚落环境也就是人类聚居场所的环境，它是与人类的工作和生活关系最密切、最直接的环境，人们一生大部分时间是在这里度过的，因此历来都引起人们的关注和重视。

聚落环境根据其性质、功能和规模可分为院落环境、村落环境、城市环境等。

（1）院落环境

院落环境是由一些功能不同的建筑物和与其联系在一起的场院组成的基本环境单元，如我国西南地区的竹楼、内蒙古草原的蒙古包、陕北的窑洞、北京的四合院、机关大院以及大专院校等。院落环境的结构、布局、规模和现代化程度是很不相同的，因而，它的功能单元分化的完善程度也是很悬殊的。院落环境是人类在发展过程中适应自己生产和生活的需要，而因地制宜创造出来的。

院落环境在保障人类工作、生活和健康，促进人类发展中起到了积极的作用，但也相应地产生了消极的环境问题，其主要污染源来自生活"三废"。院落环境污染量大面广，已构成了难以解决的环境问题，如千家万户的油烟排放，每年秋季的秸秆焚烧，导致附近大气污染。所以，在今后聚落环境的规划设计中，要加强环境科学的观念，以便在充分考虑到利用和改造自然的基础上，创造出内部结构合理并与外部环境协调的院落环境。目前，提倡院落环境园林化，在室内、室外、窗前、房后种植瓜果、蔬菜和花草，美化环境，净化环境，调控人类、生物与大气之间的二氧化碳与氧气平衡。这样就把院落环境建造成一个结构合理、功能良好、物尽其用的人工生态系统。

（2）村落环境

村落主要是农业人口聚居的地方。由于自然条件的不同，以及农、林、牧、副、渔等农业活动的种类、规模和现代化程度的不同，所以无论是从结构、形态、规模上，还是从功能上来看，村落的类型都是多种多样的，如有平原上的农村，海滨湖畔的渔村，深山老林的山村等，因而，它所遇到的环境问题也是各不相同的。

村落环境的污染主要来源于农业污染及生活污染源。特别是农药、化肥的使用和污染有日益增加和严重的趋势，影响农副产品的质量，威胁人们的健康，甚至有急性中毒而致死的。因此，必须加强农药、化肥的管理，严格控制施用剂量、时机和方法，并尽量利用综合性生物防治来代替农药防治，用速效、易降解农药代替难降解的农药，尽量多施用有机肥，少用化肥，提高施肥技术和效果。总之，要开展综合利用，使农业和生活废弃物变废为宝，化害为利，发挥其积极作用。除此之外，生产方式的变迁（潜在因素）也是造成村落环境污染的原因之一。城市化的浪潮席卷农村之后，为村民提供了更广阔的就业空间和多样的谋生手段，大部分年轻的村民都去城区打工，村中只剩下留守儿童和老人。有的田地开始荒芜，且相当一部分村民在原来的田地上建造了房屋，水土得不到很好的保持。自来水的推广和普及，使得河水以饮用为主的功能被替代，水体"饮用"功能不断退化。村民维护水和土地的意识不断减弱，面对经济效益的诱惑，个别村民以牺牲环境来维持生计。农村对污染企业具有诸多"诱惑"：一是农村资源丰富，一些企业可以就地取材，成本低廉；二是使用农村劳动力成本很低，像"小钢铁""小造纸"这样的一些污染企业，落户农村后，一般都以附近村民为主要用工对象；三是农村地广人稀，排污隐蔽。因此，近年来大部分污染企业开始进驻农村，村落环境成了污染企业的转移地。

（3）城市环境

城市环境是人类利用和改造环境而创造出来的高度人工化的生存环境。城市是随着私有制及国家的出现而出现的非农业人口聚居的场所。随着资本主义社会的发展，城市更加迅速地发展起来，世界性城市化日益加速进行。所谓城市化就是农村人口向城市转移，城市人口占总人口的比率变化的趋势增大。

城市是人类在漫长的实践过程中，通过对自然环境的适应、加工、改造、重新建造的人工生态系统。城市有现代化的工业、建筑、交通、运输、通讯联系、文化娱乐设施及其他服务行业，为居民的物质和文化生活创造了优越条件，但也因人口密集、工厂林立、交通频繁等，而使环境遭受严重的污染和破坏，威胁人们安全、宁静而健康的工作和生活。城市化对环境的影响有以下几个方面。

①城市化对水环境的影响。

对水质的影响。主要指生活、工业、交通、运输以及其他服务行业对水环境的污染。在18世纪以前，以人畜生活排泄物和相伴随的细菌、病毒等的污染为主，常常导致水质恶化、瘟疫流行。18世纪以后，随着近代大工业的发展，工业"三废"日益成为城市环境的主要污染源。

对水量的影响。城市化增加了房屋和道路等不透水面积和排水工程，特别是暴雨排水工程，从而减少渗透，增加流速，地下水得不到地表水足够的补给，破坏了自然界的水分循环，致使地表总径流量和峰值流量增加，滞后时间（径流量落后于降雨量的时间）缩短。城市化不仅影响到洪峰流量增加，而且也导致频率增加。城市化将增加耗水量，往往导致水源枯竭、供水紧张。地下水过度开采，常造成地下水面下降和地面下沉。

②城市化对大气环境的影响

城市化使城市下垫面的组成和性质发生了根本性变化。城市的水泥、沥青路面，砖瓦建筑物以及玻璃和金属等人工表面代替了土壤、草地、森林等自然地面，改变了反射和辐射面的性质及近地面层的热交换和地面的粗糙度，从而影响了大气的物理状况，如气温、云量、雾量等。

城市化改变了大气的热量状况。城市消耗大量能源，释放出大量热能集中于局部范围内，大气环境接受的这些人工热能，接近甚至超过它从太阳和天空辐射所接受的能量，从而对大气产生了热污染。城市的市区比郊区及农村消耗较多的能源，且自然表面少，植被少，从而吸热多而散热少。另外，空气中经常存在大量的污染物，它们对地面长波辐射吸收和反射能力强，造成城市"热岛效应"。"热岛效应"的产生使城市中心成为污染最严重的地方。随着人们生产、生活空间向地下延伸，热污染也随之进入地下，使地下也形成一个"热岛"。

城市化大量排放各种气体和颗粒污染物。这些污染物会改变城市大气环境的组成。一般说来，在工业时代以前，城市燃料结构以木柴为主，大气主要受烟尘污染，18世纪进入工业时代以来，城市燃料结构逐渐以煤为主，大气受烟尘、二氧化硫及工业排放的多种气体污染较重，进入20世纪后半叶以来，城市中工业及交通运输以矿物油作为主要能源，大气受CO_2、NO_x、CH、光化学烟雾和SO_2污染日益严重。由于城市气温高于四周，往往形成城市"热岛"。城市市区被污染的暖气流上升，并从高层向四周扩散；郊区较新鲜的冷空气则从底层吹向市区，构成局部环流。这样加强了城区与郊区的气体交换，但也一定程度上使污染物囿于此局部环流之中，而不易向更大范围扩散，常常在城市上空形成一个污染物幕罩。

③城市化对生物环境的影响

城市化严重地破坏了生物环境，改变了生物环境的组成和结构，使生产者有机体与消费者有机体的比例不协调。特别是近代工商业大城市的发展，往往不是受计划的调节，而是受经济规律的控制，许多城市房屋密集、街道交错，到处是水泥建筑和柏油路面，几乎完全消除了森林和草地，除了熙熙攘攘的人群，几乎看不到其他的生命，被称为"城市荒漠"。森林和草地消失，公用绿地面积减少，野生动物群在城市中消失，鸟儿也很少见，这些变化使生态系统遭到破坏，影响了碳、氧等物质循环。城市不透水面积的增加，破坏了土壤微生物的生态平衡。

④城市化噪声污染

盲目的城市化过程还造成振动、噪声、微波污染、交通紊乱、住房拥挤、供应紧张等一系列威胁人们健康和生命安全的环境问题。噪声污染是我国的四大公害之一。尤其是近些年随着城市规模的发展，交通运输、汽车制造业迅速发展，城市噪声污染程度迅速上升，已成为我国环境污染的重要组成部分。

我国本着"工农结合，城乡结合，有利生产，方便生活"的原则，努力控制大城市，积极发展中、小城市。在城市建设中，首先是确定其功能，指明其发展方向；其次是确定其规模，以控制其人口和用地面积，然后确定环境质量目标，制定城市环境规划，根据地区自然和社会条件合理布置居住、工业、交通、运输、公园、绿地、文化娱乐、商业、公共福利和服务等项事业，力争形成与其功能相适应的最佳结构，以保持整洁、优美、宁静、方便的城市生活和工作环境。

2. 地理环境

地理环境是能量的交错带，位于地球表层，即岩石圈、水圈、土壤圈、大气圈和生物圈相互作用的交错带上，其厚度约 10～30km，包括了全部的土壤圈。

地理环境具有三个特点：①具有来自地球内部的内能和主要来自太阳的外部能量，并彼此相互作用；②它具有构成人类活动舞台和基地的三大条件，即常温常压的物理条件、适当的化学条件和繁茂的生物条件；③这一环境与人类的生产和生活密切相关，直接影响着人类的饮食、呼吸、衣着和住行。由于地理位置不同，地表的组成物质和形态不同，水、热条件不同，地理环境的结构具有明显的地带性特点。因此，保护好地理环境，就要因地制宜地进行国土规划、区域资源合理配置、结构与功能优化等。

3. 地质环境

地质环境主要是指地表以下的坚硬壳层，即岩石圈。地质环境是地球演化的产物。岩石在太阳能作用下的风化过程，使固结的物质解放出来，参加到地理环境中去，参加到地质循环以至星际物质大循环中去。

如果说地球环境为人类提供了大量的生活资料、可再生的资源，那么，地质环境则为人类提供了大量的生产资料，丰富的矿产资源。目前，人类每年从地壳中开采的矿石达 4 亿立方千米，从中提取大量的金属和非金属原料，还从煤、石油、天然气、地下水、地热和放射性等物质中获取大量能源。随着科学技术水平的不断提高，人类对地质环境的影响也更大了，一些大型工程直接改变了地质环境的面貌，同时也是一些自然灾害（如山体滑坡、山崩、泥石流、地震、洪涝灾害）的诱发因素，这是值得引起高度重视的。

4. 星际环境

星际环境是指地球大气圈以外的宇宙空间环境，由广漠的空间、各种天体、弥漫物质以及各类飞行器组成。星际环境好像距我们很遥远，但是它的重要性却是不容忽视的。地球属于太阳系的一个成员，我们生存环境中的能量主要来自太阳辐射我们居住的地球距太阳不近也不远，正处于"可居住区"之内，转动得不快也不慢，轨道离心率不大，致使地理环境中的一切变化既有规律又不过度剧烈，这些都为生物的繁茂昌盛创造了必要的条件。迄今为止，地球是我们所知道的唯一有人类居住的星球。我们如何充分有效地利用这种优越条件，特别是如何充分有效地利用太阳辐射这个既丰富又洁净的能源，在环境保护中是十分重要的。

第二节　环境相关问题

一、环境问题及其分类

（一）环境问题的概念

所谓环境问题是指由于人类活动作用于周围环境，引起环境质量变化，这种变化反过来对人类的生产、生活和健康产生影响的问题。

（二）环境问题的分类

按照环境问题的影响和作用来划分，有全球性的、区域性的和局部性的不同等级。其中全球性的环境问题具有综合性、广泛性、复杂性和跨国界的特点。

按照引起环境问题的根源划分，可以将环境问题分为两大类：一类是自然原因引起的，称为原生环境问题，又称第一环境问题，它主要是指地震、海啸、洪涝、干旱、风暴、崩塌、滑坡、泥石流、台风、地方病等自然灾害；另一类由人类活动引起的环境问题称为次生环境问题，也称第二环境问题。第二环境问题又可分为以下两类：

第一类是由于人类不合理开发利用自然资源，超出环境承载力，使生态环境质量恶化或自然资源枯竭的现象。也就是说，人类活动引起的自然条件变化，可影响人类生产活动。如森林破坏、草原退化、沙漠化、盐渍化、水土流失、水热平衡失调、物种灭绝、自然景观破坏等。其后果往往需要很长时间才能恢复，有的甚至不可逆转。

第二类是由于人口激增、城市化和工农业高速发展引起的环境污染和破坏，具体是指有害的物质，以工业"三废"（废气、废水、废渣）为主对大气、水体、土壤和生物的污染。环境污染包括大气污染、水体污染、土壤污染、生物污染等由物质引起的污染和噪声污染、热污染、放射性污染或电磁辐射污染等物理性因素引起的污染。这类污染物可毒化环境，危害人类健康。

二、环境问题的产生及根源

（一）环境问题产生的原因

环境问题产生的原因主要有三个方面：

1.由于庞大的人口压力

庞大的人口基数和较高的人口增长率，对全球特别是一些发展中国家，形成巨大的人口压力。人口持续增长，对物质资料的需求和消耗随之增多，最终会超出环境供给资源和消化废物的能力进而出现种种资源和环境问题。

2.由于资源的不合理利用

随着世界人口持续增长和经济迅速发展，人类对自然资源的需求量越来越大，而自然资源的补给、再生和增殖是需要时间的，一旦利用超过了极限，要想恢复是困难的。特别是非可再生资源，其蕴藏量在一定时期内不再增加，对其开采过程实际上就是资源的耗竭过程。当代社会对非可再生资源的巨大需求，更加剧了这些资源的耗竭速度。在广大的贫困落后地区，由于人口文化素质较低，生态意识淡薄，人们长期采用有害于环境的生产方法，而把无污染技术和环境资源的管理置之度外，如不顾环境的影响，盲目扩大耕地面积。

3. 片面追求经济的增长

传统的发展模式关注的只是经济领域活动，其目标是产值和利润。在这种发展观的支配下，为了追求最大的经济效益，人们认识不到或不承认环境本身所具有的价值，采取了以损害环境为代价来换取经济增长的发展模式，其结果是在全球范围内相继造成了严重的环境问题。

（二）环境问题产生的根源

从环境问题产生的主要原因可以看出，环境问题是伴随着人口问题、资源问题和发展问题而出现的，这四者之间是相互联系、相互制约的，-从本质上看，环境问题是人与自然的关系问题。在人与自然的矛盾中，人是矛盾的主要方面，因而也是环境问题的最终根源。因此，分析环境问题的根源应该从人着手。环境问题主要来自三大根源：一是发展观根源；二是制度根源；三是科技根源。

1. 发展观根源是指环境问题的产生

是由于人们用不正确的指导思想来指导发展造成的。长期以来，人们在发展观上有个误区，认为单纯的经济增长就等于发展，只要经济发展了，就有足够的物质手段来解决各种政治、社会和环境问题。很多国家的发展历程已经表明，如果社会发展不协调，环境保护不落实，经济发展将受到更大制约，因为经济发展取得的部分效益是在增加以后的社会发展代价。如果以"和谐发展观"作为指导，在发展过程中注重人与社会、人与自然、社会与自然的和谐发展，则既能兼顾到经济发展的短期和长期效益，又能减少环境问题的产生。从这个意义上说，不正确的发展观和发展观的误区是产生环境问题的第一根源。

2. 制度根源是指环境问题的产生

是由于环境制度的失败造成的。环境问题之所以产生，就是由于人们生产和消费行为的不合理，而人们生产和消费行为的不合理，是由于没有完善的制度来规范人们的行为和职责。环境制度的失败主要表现在四个方面：一是重污染防治，轻生态保护，即预防污染的法规多，生态保护的法规少；二是重点源治理，轻区域治理，即忽视环境的整体性，头痛医头、脚痛医脚；三是重浓度控制，轻总量控制，即按照制度标准控制排放浓度的限值，而忽视污染物的总排放量；四是重末端控制，轻全过程控制，即重视控制经济活动的污染后果，而轻视经济活动过程中的污染排放。由此可见，制度的不完善或不合理是环境问题产生的根源之一。

3.科技根源是指环境问题的产生

是由于科学技术的负面作用而引起的。科技的发展在给人类的生产、生活带来极大便利的同时也不断地暴露其负面效应。农药可以预防害虫，也可以使食物具有毒性；塑料袋方便人们拎提物品，也会造成白色污染；电脑方便人们快速地传递信息，也辐射着人们的皮肤；核能能为人们发电，也可以成为毁灭人类的致命武器。从环境污染角度来看，现代社会的重大环境问题都直接和科技有关。资源短缺直接与现代化机器大规模开发有关；生态破坏直接与森林砍伐和捕猎有关；大气污染和水源污染直接和现代的工厂、汽车、火车、轮船等排放的污染物有关。因此，科技的负面作用也是当今环境问题产生的重要根源之一。

三、当代环境问题

环境是人类的共同财富，人和环境的关系是密不可分的，人类赖以生存和生活的客观条件是环境，脱离了环境这一客体，人类将成为无源之水、无本之木，根本无法生存，更谈不上发展。一方水土养一方人，这是人类生存的基本原则。早在20世纪80年代初，全球变暖、臭氧层空洞及酸雨三大全球性环境问题已初露端倪。进入20世纪90年代地球荒漠化、海洋污染、物种灭绝等环境问题更是突破了国界，成为影响全人类生存的重大问题。21世纪全球主要环境问题有以下几方面。

（一）温室效应

大气中含有微量的二氧化碳，二氧化碳有一个特性，就是对于来自太阳的短波辐射"开绿灯"，允许它们通过大气层到达地球表面。短波辐射到达地面后，会使地面温度升高。地面温度升高后，就会以长波辐射的形式向外散发热量。而二氧化碳对于来自地面的长波辐射则能吸收，不让其通过，同时把热量以长波辐射的形式又反射给地面。这样就使热量滞留于地球表面。这种现象类似于玻璃温室的作用，所以称为温室效应。能产生温室效应的气体还有甲烷、氯氟烃等。

大气温室效应并不是完全有害的，如果没有温室效应，那么地球的平均表面温度，就不是现在的15℃，而是-18℃，人类的生存环境将极为恶劣，不适宜人类的生存。但是，人类大量燃烧矿物燃料，如煤、石油、天然气等，向大气排放的二氧化碳越来越多，使温室效应不断加剧，从而使全球气候变暖。

（二）臭氧层空洞

1985年，英国的南极考察团首次发现南极上空的臭氧层有一个空洞，当时轰动了世界，也震动了科学界。臭氧层空洞成为当时的热点话题。所谓"臭氧层空洞"是指由于人类活动而使臭氧层遭到破坏而变薄。

在太阳辐射中有一部分是紫外线，它对生物有很大的杀伤力，医学上用紫外线杀菌。在距地表20～30km的高空平流层有一层臭氧层，它吸收了99%的紫外线，就像一层天然屏障，保护着地球上的万物生灵，使它们免受紫外线的杀伤。因此臭氧层也被誉为地球的保护伞。近年来，科学家又进行调查，发现全球的臭氧层都不同程度地遭到破坏。南极上空的臭氧层破坏最为明显，有一个相当于北美洲面积大小的空洞。

臭氧层空洞会导致到达地面的紫外线辐射增强，人类皮肤癌的发病率大幅度上升。臭氧层破坏最受发达国家的关注，因为发达国家大都是白种人，他们的皮肤癌发病率特别高。另外，紫外线辐射过度还会导致白内障。紫外线辐射增强不仅影响人类的健康，还会影响农作物、海洋生物的生长繁殖。现在科学家已经找到了破坏臭氧层的罪魁祸首，那就是氟氯烃类化合物。自然界中是没有这种物质的。它被发明于1930年，作为制冷剂、灭火剂、清洗剂等，广泛运用于化工制冷设备，如我们使用的空调、冰箱、发胶、喷雾剂等商品里面都含有氟氯烃。氟氯烃进入高空之后，在紫外线的照射下激化，就会分解出氯原子，氯原子对臭氧分子有很强的破坏作用，把臭氧分子变成普通的氧分子。人类万万没有想到，氟氯烃在造福人类的同时会跑到天上去"闯祸"。

（三）酸雨

酸雨是20世纪50年代以后才出现的环境问题。现在全世界有三大酸雨区：欧洲、北美和中国长江以南地区。随着工业生产的发展和人口的激增，煤和石油等化石燃料的大量使用是产生酸雨的主要原因。化石燃料中都含有一定量的硫，如煤一般含硫0.5%～5%，汽油一般含硫0.25%。这些硫在燃烧过程中90%都被氧化成二氧化硫而排放到大气中。人类排放的二氧化硫在空气中可以缓慢地转化成三氧化硫。三氧化硫与大气中的水汽接触，就生成硫酸。硫酸随雨雪降落，就形成酸雨。

酸雨是指pH值小于5.6的雨雪。一般正常大气降水含有碳酸，呈弱酸性，pH值小于7而大于5.6。但由于二氧化硫的大量排放，使雨雪中含有较多的硫酸，使降水的pH值小于5.6，就形成了酸雨。

（四）土地沙漠化

土地沙漠化是世界性的环境问题，沙漠化已经影响到了一百多个国家和地区，地球上的沙漠在以一种惊人的速度扩展。现在世界各地都是沙进人退，土地不断被蚕食。科学家们呼吁，如果人类再不制止沙漠化，半个地球将成为沙漠。

本来沙漠是气候干旱的产物，像北非的撒哈拉，西亚的一些大沙漠，那些地方的降水量很少。在半干旱地区和湿润地区是不应该出现沙漠化的，因为沙漠化是干旱的产物，在半干旱地区应该是草原景观。但是现在半干旱和半湿润地区也出现了大片的沙漠。例如，我国的内蒙古和陕西交界处的毛乌素沙地。当地的降水量并不少，在汉朝的时候这里还是水草肥美的大草原，可是现在已经变成了一个大沙漠。其实引起沙漠化的罪魁祸首就是我们人类自己。沙漠化是自然界对人类破坏环境的"报复"。在沙漠的外围是半干旱地区的草原，生态环境是比较脆弱的，稍加破坏，生态平衡就会被打破，就会出现沙漠化的现象。人类在沙漠的外围过度放牧，会破坏草原的植被，使草原不断地退化，从而变成沙漠。

（五）森林面积减少

森林可以说是人类的摇篮，人类的祖先正是从森林里走出来的。由于人类对森林的过度采伐，现在世界上的森林资源在迅速地减少。据联合国粮农组织的统计，现在全世界每年就有1200万公顷的森林消失，就是说平均每分钟就有20hm²的森林消失。

由于长期以来的过量采伐，我国很多著名的林区森林资源都濒临枯竭，例如长白山、大兴安岭、小兴安岭、西双版纳、海南岛、神农架等林区，有些地方已经变成了荒山秃岭。森林资源的减少，对人类的危害是严峻的，可以加剧土壤侵蚀，引起水土流失，不但改变了流域上游的生态环境，同时加剧了河流的泥沙量，使得河流河床抬高，增加洪水水患，例如1998年长江洪水就与上游的森林砍伐有着密切的联系。

（六）物种灭绝与生物多样性锐减

生态系统是由多种生物物种组成的，生物物种的多样性是生态系统成熟和平衡的标志。当自然灾害或人类行为阻碍了生态系统中能量流通和物质循环，就会破坏生态平衡，导致生物物种的减少。

在地球的历史上，由于自然环境的变迁，发生过5次大规模的物种灭绝。其中我们知道的在6500万年前中生代末期，地球上不可一世的庞然大物恐龙灭绝了，这是一次大规模的物种灭绝。目前，地球正在经历着第六次大规模的物种灭绝。这一次同前几次物种灭绝不同的是导致这场悲剧的正是人类自己。由于人类对野生生物的狂捕滥杀，对生态环境的污染和破坏，使得地球上越来越多的物种已经或正在遭到灭顶之灾，如亚洲的老虎、大象，非洲的犀牛数量都在锐减或濒临灭绝。据科学家估计，地球上生物大约有3000万种，被人类所发现和鉴定的大约有150万种，也就是说，现在地球上很多物种还没有被人类发现。在交通不便人迹罕至的热带雨林地区，如巴西的亚马逊森林、东南亚印尼的热带雨林等人类很难深入进去，那些地区又是物种资源的宝库，很多物种还没有被人类发现。由于人类对生态环境的破坏，大量砍伐热带雨林，可能有很多物种还没有被人类发现和鉴定，就已经从我们地球上灭绝了。这种情况是非常惊人的，原来生存于我国的招鼻羚羊、野马、犀牛、野羊等野生动物在我国已经绝迹了；另外，华南虎、白金貂、亚洲象、双峰驼、黑冠长臂猿等野生动物也都面临濒临灭绝的威胁。

（七）水环境污染与水资源危机

地球表面有71%的面积被水覆盖。可是就在我们居住的这个"水球"上，水资源危机却愈演愈烈，现在全世界很多地方都在闹水荒。那么我们这个"水球"为什么会闹水荒呢？在许多人看来水资源是取之不尽，用之不竭的。但地球上的水资源虽然很丰富，但其中97.5%的水属于咸水，只有2.5%的水是淡水。而且这2.5%中，70%被冻结在南北两极。因此，全球水资源只有不到1%可供人类使用，而且这有限的淡水资源在地球上的分布很不平衡。随着经济发展和人口激增，人类对水的需求量越来越大。现在全世界对水消耗的增长率超过了人口增长率。早在1973年召开的联合国水资源会议上，科学界就向全世界发出警告，水资源问题不久将成为深刻的社会危机，世界上能源危机之后的下一个危机极有可能就是水危机！确实，当人类面临能源危机时，还可以通过核能发电，甚至在大海里还可以有核聚变的能源，可以利用太阳能、潮汐能。也就是说，在一种能源发生危机时，可以找到替代能源但若水资源发生危机了，有什么能替代水吗？没有，到目前为止，还没有一种物质能够替代水的作用。如果水发生危机，将会对人类产生非常巨大的影响。

（八）水土流失

由于人类大规模地破坏森林，使全世界的水土流失异常严重。例如，喜马拉雅山南麓的尼泊尔，是世界上水土流失最严重的国家之一。每到雨季，大量的表土就被洪水冲刷到印度和孟加拉国，使得尼泊尔耕地越来越贫瘠，人民越来越贫困。土壤被带入江河、湖泊，又会造成水库、湖泊的淤积，从而抬高河床，减少水库湖泊的库容，加剧洪涝灾害。因此，我们说森林破坏所造成的生态危害是非常严重的。

我国水土流失的面积，占国土面积的1/3，每年流失的土壤高达50亿吨，相当于全国的耕地每年损失1cm厚的土壤。而自然形成1cm厚的土壤，需要400年的时间。我国每年由于水土流失所带走的氮、磷、钾营养元素等，相当于一年的化肥产量。水土流失最典型的例子就是黄河流域黄河之所以称为黄河，就是因为泥沙含量相当高，黄河每年输送的泥沙达16亿吨，居世界之冠，这就是由于水土流失造成的。

（九）城市垃圾成灾

与日俱增的垃圾，包括工业垃圾和生活垃圾，已经成为世界各国都感到棘手的难题。垃圾未经处理而集中堆放，不仅占用了耕地，而且污染环境，破坏景观。每刮大风，垃圾中的病原体和微生物等随风而起，污染空气；每逢下雨，垃圾中的有害物质又会随雨水渗入地下，污染地下水。因此垃圾如果不处理，将会对我们生存环境造成严重的危害。近年来人们大量地使用一次性塑料制品，如塑料袋、快餐盒、农用塑料地膜等，这些一次性塑料制品被人随意丢弃，造成严重的白色污染。

（十）大气环境污染

我国的城市大气污染非常严重。我国现有600多座城市，其中大气质量符合国家一级标准的不到1%。烟尘弥漫、空气污浊在许多城市已是司空见惯。按照我国的规定，大气质量分为五级，一级是最好，五级为重度污染。北京的空气状况大部分时间是在三级或四级，而且是以四级居多。

我国的城市大气污染之所以如此严重，有以下两个主要原因：

第一，由于我国以煤炭为主要能源，燃煤会排放大量的污染物，如氮氧化物、烟尘等等。我国的能源结构是以煤为主的，冬季采暖要烧煤，工业发电要烧煤，有些地

方居民做饭要烧煤，而燃烧大量的煤会给大气造成非常严重的污染'

第二，汽车尾气对空气的污染。现在由于我国城市汽车拥有量越来越多，这一问题也越来越严重。目前我国的城市汽车保有量每年在以13%的速度递增。过去许多城市的空气污染是煤烟型污染，现在也逐渐转变为汽车尾气型污染。汽车尾气中含有许多对人体有毒的污染物，主要有：一氧化碳、氮氧化物、铅。人体长期吸入含铅的气体，就会引起慢性铅中毒，主要症状是头疼、头晕、失眠、记忆力减退。儿童对铅污染特别敏感，铅中毒会损伤儿童的神经系统和大脑，造成儿童的智力低下，影响儿童的智商，有时甚至会造成儿童呆傻。

由于大气环境污染，同时带来了一系列其他环境问题，例如酸雨污染、全球气候变暖、臭氧层空洞等。

四、环境科学概述

（一）环境科学的概念

环境科学是在人们面临一系列环境问题，并且要解决环境问题的需求下，逐渐形成并发展起来的由多学科到跨学科的科学体系，也是一个介于自然科学、社会科学、技术科学和人文科学之间的科学体系。环境科学的兴起和发展是人类社会生产发展的必然结果，也是人类对自然现象的本质和变化规律认识深化的体现。

环境科学是以"人类-环境"系统为其特定的研究对象。它是研究"人类-环境"系统的发生、发展和调控的科学。"人类—环境"系统及人类与环境所构成的对立统一体，是一个以人类为中心的生态系统

（二）环境科学的特点

环境科学具有涉及面广、综合性强、密切联系实践的特点。它既是基础学科，又是应用学科。在研究过程中必须做到宏观与微观相结合，近期与远期相结合，而且要有一个整体的观点。归纳起来，有如下几个特点。

1. 综合性

环境科学是一门综合性很强的新兴的边缘学科，它要解决的问题均具有综合性的特点，特别在进行具体课题研究时，必然体现出跨学科、多学科交叉和渗透的特点，必须应用其他学。的理论和方法，但又不同于其他学科。环境科学的形成过程、特定的研究对象，以及非常广泛的学科基础和研究领域，决定了它是一门综合性很强的重要的新兴学科。

2. 整体性

把人口问题、资源的滥用、工艺技术的影响、发展的不平衡以及世界范围的城市困境等作为整体来探讨环境问题。这是其他学科所不能代替的，大至宇宙环境，小到工厂、区域环境都得从整体的角度来考虑和研究，而不像有些科学只研究某一问题的某一方面，这是环境科学不同于其他科学的另一特点。

3. 实践性

环境科学是由于人类为了解决在生产和生活实践中产生的环境污染问题而逐渐孕育发展起来的。也就是说，在人类同环境污染的长期斗争中形成的一个新的科学领域，所以具有很强的实践性和旺盛的生命力。

如我国大气环境质量中的光化学烟雾污染、酸雨、大气污染对居民健康影响等问题；我国河流污染的防治，湖泊富营养化问题，水土流失与水土保持问题；海洋的油污染和重金属污染等问题；城市生态问题；环境污染与恶性肿瘤关系问题；自然资源的合理利用和保护等问题，都是环境科学的研究范畴。

4. 理论性

环境科学在宏观上研究人类同环境之间的相互促进、相互联系、相互作用、相互制约的对立统一关系，既要揭示自然规律，也要揭示社会经济发展和环境保护协调发展的基本规律；在微观上研究环境中的物质，尤其是人类活动排放的污染物的分子、原子等微小粒子在有机体内迁移、转化和蓄积的过程及其运动规律，探索它们对生命的影响及其作用机理等。环境科学不仅随着国民经济的发展而不断发展，而且由于各种学科的结合、渗透，在理论上也日趋完善。

（三）环境科学的基本任务

环境科学的基本任务如下：

1. 探索全球范围内环境演化的规律

在人类改造自然的过程中，为使环境向有利于人类的方向发展，避免向不利于人类的方向发展，就必须了解环境变化的过程，包括环境的基本特性、环境结构的形式和演化机理等，为人类提供更好的生存服务。

2. 揭示人类活动同自然生态之间的关系

环境为人类提供生存条件，人类通过生产和消费活动，不断影响环境的质量。人类生产和消费系统中物质和能量的迁移、转化过程是异常复杂的。但必须使物质和能量的输入同输出之间保持相对平衡。这个平衡包括两项内容：一是排入环境的废弃物不能超过环境自净能力，以免造成环境污染，损害环境质量；二是从环境中获取可更新资源不能超过它的再生增殖能力，以保障可持续利用；从环境中获取不可再生资源要做到合理开发和利用。因此在社会经济发展规划中必须列入环境保护的内容，有关社会经济发展的决策必须考虑生态学的要求，以求得人类和环境的协调发展，这样才能和环境友好相处。

3. 探索环境变化对人类生存的影响

环境变化是由物理的、化学的、生物的和社会的因素以及它们的相互作用所决定的，因此环境科学在此方面有不可推卸的责任，必须研究环境退化同物质循环之间的关系。这些研究可为保护人类生存环境、制定各项环境标准、控制污染物的排放量提供依据，以防环境的恶化从而引起人类的灾难，如近年的水污染及其中污染物进入人体后发生的各种作用，包括致畸作用和致癌作用。再如大气污染、城市的空气指数的恶化对人们健康的影响等等。

4. 研究区域环境污染综合防治的技术措施和管理措施

如某个地方区域环境污染了，我们应如何应对和保护。我国的工业污染很多，如何防治和治理都和环境科学有关。实践证明需要综合运用多种工程技术措施和管理手段，调节并控制人类和环境之间的相互关系，利用系统分析和系统工程的方法寻找解决环境问题的最优方案。

5. 完善自我的体系

收集数据为环境与人类的和谐相处奠定基础。同时培养新一代的环境科学工作者为人类服务。

（四）环境科学面临的机遇和挑战

面对如今科技日新月异的变化，环境问题越来越受到人类的关注。工业的发展必定会影响环境，许多地区因为一味地追求经济的发展而以环境为代价，从而造成了环境的大面积污染。那么环境科学就应该起到它的作用，治理环境保护环境。在这个大环境下环境科学应该得到关注和重视。

自产业革命以来，人类在社会文明和经济发展方面取得了巨大的成就。与此同时，人类对自然的改造也达到空前的广度、深度和强度。研究表明，地球一半以上的陆地表面都受到人为活动的改造，一半以上的地球淡水资源都已被人类开发利用，人类活动严重影响着地球系统。由此产生的问题就是环境污染，环境污染的广度和深度对人类的生存带来了巨大的影响，如何治理好污染是人类的一项重要任务。环境科学面临的挑战很多，比如当前我国的科学氛围，不少人只看经济效应，许多论文的质量不高，从而阻碍了环境科学的发展。

对环境科学政府要大力支持，对污染环境的企业要严惩，并做好宣传，在群众中培养、提高环境保护意识，让环境科学为人类做出最大的贡献。

第三节　环境污染与人体健康

一、环境污染概述

当各种物理、化学和生物因素进入大气、水、土壤环境，如果其数量、浓度和持续时间超过了环境的自净力，以致破坏了生态平衡，影响人体健康，造成经济损失时，称为环境污染。环境污染的产生是一个从量变到质变的过程，目前环境污染产生的原因主要是资源的浪费和不合理的使用，使有用的资源变为废物进入环境而造成危害。

环境污染会给生态系统造成直接的破坏和影响，如沙漠化、森林破坏也会给生态系统和人类社会造成间接的危害，有时这种间接的环境效应的危害比当时造成的直接危害更大，也更难消除。例如，温室效应、酸雨和臭氧层破坏就是由大气污染衍生出的环境效应。这种由环境污染衍生的环境效应具有滞后性，往往在污染发生的当时不易被察觉或预料到，然而一旦发生就表示环境污染已经发展到相当严重的地步。当然，环境污染的最直接、最容易被人类所感受的后果是使人类环境的质量下降，影响人类的生活质量、身体健康和生产活动。例如，城市的空气污染造成空气污浊，人们的发病率上升等；水污染使水环境质量恶化，饮用水源的质量普遍下降，威胁人的身体健康，引起胎儿早产或畸形等。环境污染是指人类直接或间接地向环境排放超过其自净能力的物质或能量，从而使环境的质量降低，对人类的生存与发展、生态系统和财产造成不利影响的现象。

二、环境污染对人体健康的影响

环境是人类生存的空间，不仅包括自然环境，日常生活、学习、工作环境，还包括现代生活用品的科学配置与使用。环境污染不仅影响到我国社会经济的可持续发展，也突出地影响到人民群众的安全健康和生活质量，如今已受到人们越来越多的关注。人类健康的基础是人类的生存环境，只有生物多样性丰富、稳定和持续发展的生态系统，才能保证人类健康的稳定和持续发展，而环境污染是人类健康的大敌，生命与环境最密切的关系是生命利用环境中的元素建造自身。

（一）环境污染物影响人体健康的特点

对人体健康有影响的环境污染物主要来自工业生产过程中形成的废水、废气、废渣，包括城市垃圾等。环境污染物影响人体健康的特点：一是影响范围大，因为所有的污染物都会随生物地球化学循环而流动，并且对所有的接触者都有影响；二是作用时间长，因为许多有毒物质在环境中及人体内的降解较慢。

（二）环境污染对人体健康的影响因素

环境污染物对机体健康能否造成危害以及危害的程度，受到许多条件的影响，其中最主要的影响因素为污染物的理化性质、剂量、作用时间、环境条件、健康状况和易感性特征等。

1. 污染物的理化性质

环境污染物对人体健康的危害程度与污染物的理化性质有着直接的关系。如果污染物的毒性较大，即便污染物的浓度很低或污染量很小，仍能对人体造成危害。例如，氰化物属剧毒物质，即便人体摄入的量很低，也会产生明显的危害作用，但也有些污染物转化成为新的有毒物质而增加毒性，例如，汞经过生物转化形成甲基汞，毒性增加；有些毒物如汞、砷、铅、铬、有机氯等，虽然其浓度并不很高，但这些物质在人体内可以蓄积，最终危害人体健康

2. 剂量或强度

环境污染物能否对人体产生危害以及危害的程度，主要取决于污染进入人体的"剂量"。

（1）有害元素和非必需元素

这些元素因环境污染而进入人体的剂量超过一定程度时可引起异常反应，甚至进一步发展成疾病，对于这类元素主要是研究制订其最高容许量的问题，如环境中的最高容许浓度。

（2）必需元素

这种元素的剂量-反应关系较为复杂，一方面环境中这种必需元素的含量过少，不能满足人体的生理需要时，会使人体的某些功能发生障碍而形成一系列病理变化；另一方面，如果环境中这种元素的含量过多，也会引起程度不同的中毒性病变。因此，对于这类元素不仅要研究和制订环境中最高容许浓度，而且还要研究和制订最低供应量的问题。

3. 作用时间

毒物在体内的蓄积量受摄入量、生物半减期和作用时间三个因素的影响。很多环境污染物在机体内有蓄积性，随着作用时间的延长，毒物的蓄积量将加大，达到一定浓度时，就引起异常反应并发展成为疾病，这一剂量可以作为人体最高容许限量，称为中毒阈值。

4. 健康效应谱与敏感人群

在环境有害因素作用下产生的人群健康效应，由人体负荷增加到患病、死亡这样一个金字塔的人群健康效应谱所组成，如图1-1所示。

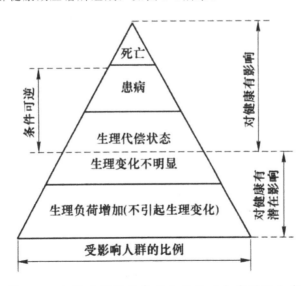

图1-1 人群对环境异常变化的反应金字塔形分布

从人群健康效应谱上可以看到，人群对环境有害因素作用的反应是存在差异的（见图1-2）。尽管多数人在环境有害因素作用下呈现出轻度的生理负荷增加和代偿功能状态，但仍有少数人处于病理性变化，即疾病状态甚至出现死亡。通常把这类易受环境损伤的人群称为敏感人群（易感人群）。

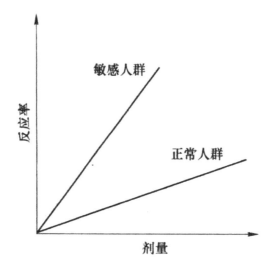

图 1-2　不同人群对环境因素变化的剂量-反应关系

机体对环境有害因素的反应与人的健康状况、生理功能状态、遗传因素等有关，有些还与性别、年龄有关。在多起急性环境污染事件中，老、幼、病人出现病理性改变，症状加重，甚至死亡的人数比普通人群多。

5. 环境因素的联合作用

化学污染物对人体的联合作用，按其量效关系的变化有以下几种类型：

（1）相加作用

相加作用是指混合化学物质产生联合作用时的毒性为单项化学物质毒性的总和如 CO 和氟利昂都能导致缺氧，丙烯和乙腈都能导致窒息，因此它们的联合作用特征表现为相加作用。

（2）独立作用

由于不同的作用方式、途径，每个同时存在的有害因素各产生不同的影响。但是混合物的毒性仍比单种毒物的毒性大，因为一种毒物常可降低机体对另一毒物的抵抗力。

（3）协同作用

当两种化学物同时进入机体产生联合作用时，其中某一化学物质可使另一化学物质的毒性增强，且其毒性作用超过两者之和。

（4）拮抗作用

一种化学物能使另一种化学物的毒性作用减弱，即混合物的毒性作用低于两种化学物中任一种的单独毒性作用。

三、环境污染对人体健康的危害

环境污染对人体健康的不利影响，是一个十分复杂的问题。有的污染物在短期内通过空气、水、食物链等多种介质侵入人体，或几种污染物联合大量侵入人体，造成急性危害。也有些污染物，小剂量持续不断地侵入人体，经过相当长时间才显露出对人体的慢性危害或远期危害，甚至影响到子孙后代的健康。这是环境医学工作者面临的一项重大研究课题。从近几十年来的情况看，环境污染对人体造成的危害主要是急性、慢性和远期危害。

（一）急性危害

急性危害是指在短期内污染物浓度很高，或几种污染物联合进入人体可使暴露人群在较短时间内出现不良反应、急性中毒甚至死亡的危害。通常发生在特殊情况下，例如，光化学烟雾就是汽车尾气中的氮氧化物和碳氢化合物在阳光紫外线照射下，形成光化学氧化剂 O_3、NO_2、NO 和过氧乙酰硝酸酯（PAN）等，与工厂排出的 SO_2 遇水分产生硫酸雾相结合而形成的光化学烟雾。当大气中光化学氧化剂浓度达到 0.1×10^{-6} 以上时，就能使竞技水平下降，达到 $(0.2 \sim 0.3) \times 10^{-6}$ 时，就会造成急性危害。主要是刺激呼吸道黏膜和眼结膜，而引起眼结膜炎、流泪、眼睛疼、嗓子疼、胸疼，严重时会造成操场上运动着的学生突然晕倒，出现意识障碍。经常受害者能加速衰老，缩短寿命。

（二）慢性危害

慢性危害是指污染物在人体内转化、积累，经过相当长时间（半年至几十年）才出现病症的危害。慢性危害的发展一般具有渐进性，出现的有害效应不易被察觉，一旦出现了较为明显的症状，往往已成为不可逆的损伤，造成严重的健康后果。

1. 大气污染对呼吸道慢性炎症发病率的影响

国内外大气污染调查资料还表明，大气污染物对呼吸系统的影响，不仅使上呼吸道慢性炎症的发病率升高，同时还由于呼吸系统持续不断地受到飘尘、SO_2、NO_2 等污染物刺激腐蚀，使呼吸道和肺部的各种防御功能相继遭到破坏，抵抗力逐渐下降，从而提高了对感染的敏感性。这样一来，呼吸系统在大气污染物和空气中微生物联合侵袭下，危害就逐渐向深部的细支气管和肺泡发展，继而诱发慢性阻塞性肺部疾患及其续发感染症。这一发展过程，又会不断增加心肺的负担，使肺泡换气功能下降，肺动脉氧气压力下降，血管阻力增加，肺动脉压力上升，最后因右心室肥大，右心功能不全而导致肺心病。

2. 铅污染对人体健康的危害

环境中铅的污染来源主要有两方面：一是工矿企业，由于铅、锌与铜等有色金属多属共生矿，在其开采与冶炼过程中，铅制品制造和使用过程中，铅随着废气、废水、废渣排入环境而造成大气、土壤、蔬菜等污染；二是汽车排气，汽车用含四乙铅的汽油作燃料。

铅能引起末梢神经炎，出现运动和感觉异常。常见有伸肌麻痹，可能是铅抑制了肌肉里的肌磷酸激酶，使肌肉里的磷酸肌酸减少，使肌肉失去收缩动力而产生的。被吸收的铅，在成年人体内有91%～95%形成不稳定的磷酸三铅［$Pb_3(PO_4)_2$］沉积在骨骼中，在儿童多积存于长骨干的骺端，从X线照片上可见长骨骺端钙化带密度增强，宽度加大，骨骺线变窄。幼儿大脑受铅的损害，比成年人敏感得多。儿童经常吸入或摄入低浓度的铅，能影响儿童智力发育和产生行为异常。经研究，对血铅超过60mg/100mL的无症状的平均9岁的儿童，经追踪观察，数年后，就发现有学习低能和注意力涣散等智力障碍，并伴有举止古怪等行为异常的表现。目前，各国都在开展铅对儿童健康危害的剂量-反应关系的研究，为制订大气、饮水、食品中含铅量的标准提供依据，以保护儿童和成人不受铅危害。

3. 水体和土壤污染对人体造成的慢性危害

水体污染与土壤污染对人体造成慢性危害的物质主要是重金属。如汞、铭、铅、镉、砷等含生物毒性显著的重金属元素及其化合物，进入环境后不能被生物降解，且具有生物累积性，直接威胁人类健康。此外，环境污染引起的慢性危害，还有镉中毒、砷中毒等。环境污染对人体的急性和慢性危害的划分，只是相对而言，主要取决于剂量-反应关系。如水俣病，在短期内吃入大量甲基汞，也会引起急性危害。

（三）远期危害

远期危害是指环境污染物质进入人体后，经过一段较长（有的长达数十年）的潜伏期才表现出来，甚至有些会影响子孙后代的健康和生命的危害。远期危害是目前最受关注的，主要包括致癌作用、致畸作用和致突变作用。

1. 致癌作用

是指能引起或引发癌症的作用。据若干资料推测，人类癌症由病毒等生物因素引起的不超过5%；由放射线等物理因素引起的也在5%以下；由化学物质引起的约占90%，而这些物质主要来自环境污染。例如，近年来，随着城市工业的迅猛发展，大量排放废气污染空气，工业发达国家肺癌死亡率急剧上升，在我国某些地区的肝癌发病率与有机氯农药污染有关。

2. 致畸作用

是指环境污染物质通过人或动物母体影响动物胚胎发育与器官分化，使子代出现先天性畸形的作用。随着工业迅速发展，大量化学物质排入环境，许多研究者在环境污染事件中都观察到由于孕期摄入毒物而引发的胎儿畸形发生率明显增加。

3. 致突变作用

是指污染物或其他环境因素引起生物体细胞遗传信息发生突然改变的作用。这种变化的遗传信息或遗传物质在细胞分裂繁殖过程中能够传递给子代细胞，使其具有新的遗传特性。

第二章 生态系统与环境保护

第一节 生态学的基础知识

一、生态学基本概念

在自然界，各种生物物质结合在一起形成复杂程度不同的各种有机体，这些有机体依照细胞—个体—群落—生态系统的顺序而趋于复杂化。生态学就是研究生命系统与环境系统相互关系的科学。生态学的研究一般从研究生物个体开始，分别研究个体、种群、群落、生态系统等，并形成相应不同层次的生态学科。

生物个体都是具有一定功能的生物系统。个体生态学主要研究有机体如何通过特定的生物化学、形态解剖、生理和行为机制去适应其生存环境。

种群是指在一定时间内和一定空间地域内一群同种个体组成的生态系统。种群生态学讨论的重点是有机体的种群大小如何调节，它们的行为以及它们的进化等问题。种群既体现每个个体的特性，又具有独特的群体特征，如团聚和组群特征等。

群落是指在一定时间内居住于一定生境中的各种群组成的生物系统。群落生态学研究中，人们最感兴趣的是生物多样性，生物的分布、相互作用及作用机制等。生态系统生态学是近年来研究的重点。现代生态学除研究自然生态外，还将人类包括其中。生态学是一门包括人类在内的自然科学，也是一门包括自然在内的人文科学，并提出"社会—经济—自然复合生态系统"的概念。这样，生态学研究就包括了更为宏观、广阔的内容，即景观生态学和全球尺度的全球生态学（生物圈）。

二、生态系统

在一定范围内由生物群落中的一切有机体与其环境组成的具有一定功能的综合统一体称为生态系统。在生态系统内，由能量的流动导致形成一定的营养结构、生物多样性和物质循环。换句话说，生态系统就是一个相互进行物质和能量交换的生物与非生物部分构成的相对稳定的系统，它是生物与环境之间构成的一个功能整体，是生物圈能量和物质循环的一个功能单位。

生态系统一般主要指自然生态系统。由于当代人类活动及其影响几乎遍及世界的每一个角落，地球上已很少有纯粹的未受人类干扰的自然生态系统了，生态学研究的大部分生态系统是半人工、半自然的生态系统（如农业生态系统），甚至完全是人工建造的生态系统（如城市生态系统）。

生态系统是一个很广泛的概念，任何生物群体与其环境组成的自然体都可视为一个生态系统。如一块草地、一片森林都是生态系统；一条河流、一座山脉也都是生态系统；而水库、城市和农田等也是人工生态系统。小的生态系统组成大的生态系统，简单的生态系统构成复杂的生态系统。形形色色，丰富多彩的生态系统构成生物圈。

生态系统是一个将生物与其环境作为统一体认识的概念，因此在生态学中，生态系统是一个空间范围不太确定的术语，可以适用于各种大小不同的生物群落及其环境。例如：最小的生态系统可以是一个树桩上的生物与其环境，中等尺度的生态系统如森林群丛等，大的生态系统可以是一个流域、一个区域或海洋等。

（一）生态系统的组成

任何生态系统都是由两部分组成的，即生物部分（生物群落）和非生物部分（环境因素）。生物部分包括植物群落（生产者）、动物群落（消费者）、微生物群落和真菌群落（分解者或称还原者）。非生物部分（环境）包括所有的物理的和化学的因子，如气候因子和土壤条件等。非生物因子对生态系统的结构和类型起决定性作用。对陆地生态系统来说，在各种非生物因素中，起决定作用的是水分和热量。水分决定着生态系统是森林、草原或荒漠生态系统。年降雨量在750mm以上的地区可以形成稳定的森林生态系统；年降雨量在250mm以下，其水分甚至不足以支持建立一层完整的草被，从而形成草丛疏落、地面裸露的荒漠生态系统。温度决定着常绿、落叶或阔叶、针叶这些生态系统特征。土壤条件由于其本身的复杂性，对生态系统的影响也是复杂的，但它对生态系统的多样性有着重要贡献。

（二）生态系统的结构

生态系统的结构是指构成生态系统的要素及其时、空分布和物质、能量循环转移的路径。它包括形态结构和营养结构。

1. 生态系统的形态结构

生态系统中的生物种类、种群数量、种的空间配置（水平分布、垂直分布）、种的时间变化（发育、季相）等构成生态系统的形态结构。例如，一个森林生态系统中的动物、植物和微生物的种类和数量基本上是稳定的。在空间分布广，自上而下具有明显的分层现象。地上有乔木、灌木、草本、苔藓；地下有浅根系、深根系及其根际微生物。在森林中栖息的各种动物，也都有其相对的空间位置：鸟类在树上营巢，兽类在地面筑窝，鼠类在地下掘洞。在水平分布上，林缘和林内的植物、动物的分布也明显不同。植物的种类、数量及其空间位置是生态系统的骨架，是整个生态系统形态结构的主要志。

2. 生态系统的营养结构

生态系统各组成部分之间建立起来的营养关系，构成了生态系统的营养结构。由于各生态系统的环境、生产者、消费者和还原者不同，就构成了各自的营养结构。营养结构是生态系统中能量流动和物质循环的基础。

生态系统中，由食物关系将多种生物连接起来，一种生物以另一种生物为食，这后一种生物再以第三种生物为食……彼此形成一个以食物联接起来的链锁关系，称之为食物链。按照生物间的相互关系，一般又可把食物链分成捕食性食物链、碎食性食物链，寄生性食物链和腐生性食物链四类。病虫害的生物防治即是食物链的理论应用。

在生态系统中，一种消费者往往不只吃一种食物，而同一种食物又可能被不同的消费者所食。因此各食物链之间又可以相互交错相联，形成复杂的网状食物关系，称其为食物网。食物网作为一系列食物链的链锁关系，本质上反映了生态系统中各有机体之间的相互捕食关系和广泛的适应性。自然界中普遍存在着的食物网，不仅维系着一个生态系统的平衡和自我调节能力，而且推动着有机界的进化，成为自然界发展演化的生命网，从而增加了生态系统的稳定性。

（三）生态系统的特点

1. 生态系统结构的整体性

生态系统是一个有层次的结构整体。在个体以上生物系统的个体、种群、群落和生态系统的四个层次中。随着层次的升高，不断赋予生态系统新的内涵，但各个层次都始终相互联系着，低层次是构成高层次的基础，构成一种有层次的结构整体。

任何一个生态系统又都是由生物和非生物两部分组成的纵横交错的复杂网络，组成系统的各个因子相互联系、彼此制约而又相互作用，最终使系统各因子协调一致，形成一个比较稳定的整体。例如在一个生态系统中，仅植物的构成就有上层林木、下层林木灌木、草本植物、地被植物（苔藓、地衣）等层次，破坏其中一个层次，如砍伐掉高大的树木，就会使下层喜荫植物受到伤害，系统失去平衡，有时甚至向恶性循环转化。

生态系统结构的整体性决定着系统的功能。结构的改变必然导致功能的改变。反之，通过观察功能的改变也可以推知系统结构的变化趋势。生态系统存在和运行的基本保证是营养物质的循环和系统中能量的流动。这种运动一经破坏，系统也就崩溃。生态系统物质循环和能量转化率超高，则系统的功能就越强。

在生态系统中，植物之间通过竞争、共生等作用相互制约，动物与植物之间和动物与动物之间，通过食物链相互联系。在生物与非生物之间，其相互作用更为明显。

其中，水分的变化所带来的影响最为显著。例如在新疆等干旱地区，许多生态系统靠地下水维持。地下水开采过多，就会造成地下水位下降，当下降到地面植物根系不可及的程度时，地面植物就会死亡，土地荒漠化也就接踵而至，整个生态系统就会被摧毁。相反，在引水灌溉时，若给水过多，则地下水位就上升，喜水植物会增加，继而因强烈的蒸发导致盐分在土壤表面积聚，于是导致盐渍化，进而造成植被稀疏化，生态系统也趋于逆向演替。

2. 生态系统的开放性

任何生态系统都是开放性的系统，与周围环境有着千丝万缕的联系。一个生态系统的变化往往会影响到其他生态系统。例如一个山地生态系统，由于森林植被破坏而导致水土流失、鸟兽飞迁、地貌变化，不仅使本系统发生变化，而且由于失去森林涵养水源、"削洪补枯"的调节作用，影响径流，加重下游平原地区的洪旱灾害，也可造成河流湖泊的淤塞和影响河湖水生生态系统。

生态系统的开放性具有两方面的意义：一是使生态系统可为人类服务，可被人类利用。例如人类利用农业生态系统的开放性，使之输出粮食和果蔬，利用自然生态系统输出的水分改善局部小气候，增加农业产量；二是使人类可以通过增大对生态系统的物质和能量输入，改善系统的结构，增强系统的功能。正是由于生态系统具有开放性特征，才使它与人类社会更紧密地联系在一起，成为人类生存和发展的重要资源来源。

3. 生态系统的区域分异性

生态系统具有明显的区域分异性。海洋和陆地是两大类完全不同的生态系统；森林、草原、荒漠生态系统具有明显的区域分布特征；山地、草原、河湖、沼泽等不同的生态系统不仅其结构不同，而且同一类生态系统在不同的区域其结构和运行特点也不相同。我国是一个受季风气候影响而且多山的国家，气候多变，水土各异，物种多样，造成了多种多样的生态系统。这种特点既为资源的多样性提供了基础，也为合理开发利用和保护增加了难度。

4. 生态系统的可变性

生态系统的平衡和稳定总是相对的、暂时的，而系统的不平衡和变化是绝对的、长期的。一般来说，生态系统的组成层次越多，结构越复杂，系统就越趋于稳定，当受到外界干扰后，恢复其功能的自动调节能力也较强；相反，系统结构越单一，越趋于脆弱，稳定性越差，稍受干扰，系统就可能被破坏。例如人工营造的纯林，因其组成单一、结构简单，很易受到病虫危害，易发生营养缺乏等问题。

能引起生态系统变化的因素很多，有自然的，也有人为的。自然因素如雷电引起的森林火灾造成的森林生态系统的变化，长期干旱造成的生态系统变化等。一般来说，自然因素对生态系统的影响多是缓慢的、渐进的。人为影响是现代社会中导致生态系统变化的主因，其影响多为突发的和毁灭性的。

生态系统的变化，有的有利于人类，有的不利于人类。改善生态环境，就是通过人工干预，使生态环境和生态系统向有利于人类的方向发展。

三、自然、经济、社会复合生态系统

自然、经济、社会正越来越紧密地连接成为一个有序运动的统一整体。当代生态环境实质上是人地关系高度综合的产物。

（一）复合生态系统的结构和功能

复合生态系统的结构即是组成系统的各部分、各要素在空间上的配置和联系。复合生态系统通过系统各要素之间、各子系统之间的有机组合（通过生物地球化学循环、投入产出的生产代谢，以及物质供需和废物处理等），形成一个内在联系的统一整体：一方面，自然生态系统以其固有的成分及其物质流和能量流运动，控制着人类的经济社会活动；另一方面，人又具有能动性，人类的经济社会活动在不断地改变着能量流动与物质循环过程，对复合生态系统的发展和变化起着决定作用。二者互相作用、互相制约，组成一个复杂的以人类活动为中心的复合生态系统。这个系统结构复杂、层次有序，并具有多向反馈的功能。

复合生态系统的功能与其结构相适应。自然生态系统具有资源再生功能和还原净化功能。它为人类提供自然物质来源，接纳、吸收、转化人类活动排放到环境中的有毒有害物质，自然系统中以特定方式循环流动的物质和能量，如碳、氢、氧、氮、磷、硫、太阳辐射能等的循环流动，不仅维持着自然生态系统的永续运动，而且也是人类生存和繁衍不可缺少的化学元素；自然系统的水、矿物、生物等其他物质通过生产进入人工生态系统，参与高一级的物质循环过程。它们都是社会经济活动不可缺少的资源和能源。显然，自然生态系统是人类生存和发展的物质基础，人工生态系统具有生产、生活、服务和享受的功能。

（二）复合生态系统的基本特征

复合生态系统是在自然生态系统的基础上，经人类加工改选形成的适于人类生存和发展的复合系统。它既不单纯是自然系统，也不单纯是人工系统。复合生态系统的演化既遵循自然发展规律，也遵循经济社会发展规律。为满足人类发展的需要，它既具有自然系统的资源、能源等物质来源的功能，维持人类的生存和延续，又具有人工系统的生产、生活、舒适、享受的功能，推动社会的发展。

复合生态系统的整体性：复合生态系统是由自然、经济、社会三个部分交织而成统一联系的不可分割的统一整体。其中，组成生态系统的各要素及各部分相互联系、互相制约，任何一个要素的变化都会影响整个系统的平衡，并影响系统的发展，以达到新的平衡。

复合生态系统是一个开放性的系统：原材料、燃料要输入，产品、废物要输出，因此，复合生态系统的稳定性不仅取决于生态系统的容量，也取决于与外界进行物质

交换和能量流动的水平。

复合生态系统具有一定的承载能力：复合生态系统的承载能力是有限的，超负荷则生态平衡被破坏。因此生态系统具有脆弱性、平衡的不稳定性以及在一定限度内的可以自我调节的功能。复合生态系统在长期演变过程中逐步建立起自我调节系统，可在一定限度内维持本身的相对稳定，同时其具有的人工调节功能，对来自外界的冲击能够通过人工调节进行补偿和缓冲，从而维持环境系统的稳定性。

第二节　生态环境保护的基本原理

为有效的保护生态环境，需要遵循一些基本原理：首先是生态系统结构与功能的相对应原理，从保护结构的完整性达到保持生态系统环境功能的目的；其次是将经济社会与环境看作是一个相互联系、互相影响的复合系统，寻求相互间的协调，并寻求随着人类社会进步，不断改善生态环境以建立新的协调关系的途径；第三是将保护生态环境的核心——生物多样性放在首要的和优先的位置上；第四是将普遍性与特殊性相结合，特别关注特殊性问题，如根据我国国情，东西南北各不相同，各地都有不同的保护目标和保护对象，因而在注意普遍性问题时，对特殊性问题给予特别的关注；第五是关注重大生态环境问题，将解决重大生态环境问题与恢复和提高生态环境功能紧密结合，以适应经济、社会发展和人类精神文明发展不断增长的需要。

一、保护生态系统结构的整体性和运行的连续性

从人类的功利主义和思维定势出发，保护生态环境的首要目的是保护那些能为人类自身生存和发展服务的生态功能。但是，生态系统的功能是以系统完整的结构和良好的运行为基础的，功能寓于结构之中，体现于运行过程中；功能是系统结构特点和质量的外在体现，高效的功能取决于稳定的结构和连续不断的运行过程。因此，生态环境保护也是从功能保护着眼，从系统结构保护入手。

例如，森林生态系统具有保持水土的环境功能。这种功能是由有层次的林冠结构和枝干阻截雨水，林下地被植物和枯枝败叶层吸收水分，根系作用疏松土壤增加土壤持水性以及林木的枝干和枯落物减弱雨滴的动能，从而防止其直接打击土壤表面造成土壤侵蚀等综合作用的结果。这种功能是以植物与土壤共存并形成森林生态系统为基础的。这个结构如受破坏或结构残缺不全，如树木零落、枝叶稀疏、地被植物或枯枝败叶被清除，都会使系统持水保土功能下降。因此，生态系统的保护，首先要保护系统结构的完整性。

生态系统结构的完整性包括：

（一）地域连续性

分布地域的连续性是生态系统存在和长久维持的重要条件。现代研究表明，岛屿

生态系统是不稳定或脆弱的。由于岛屿受到阻隔作用，与外界缺乏物质和遗传信息的交流，因而对干扰的抗性低，受影响后恢复能力差。近代已灭绝的哺乳动物和鸟类，大约75%是生活在岛屿上的物种。

由于人类开发利用土地的规模越来越大，将野生生物的生境切割成一块块越来越小的处于人类包围中的"小岛"，使之成为易受干扰和破坏的岛状生境，破坏了生态系统的完整性，也加速了物种灭绝的进程。在世界上已建立的保护区内，物种仍在不断减少，其原因也是由于自然保护区大多是一些岛屿状生境，无法维持生物多样性的长期存在。

（二）物种多样性

物种的多样性是构成生态系统多样性的基础，也是使生态系统趋于稳定的重要因素。物种与生态系统整体性的关系，可用"铆钉"去除理论作出形象的说明：当从飞机机翼上选择适当的位置拔掉一个或几个铆钉时，造成的影响可能是微不足道的；当铆钉被一个接一个地拔去时，危险就逐渐逼近；每一个铆钉的拔除都增加了下一个铆钉断裂的危险，当铆钉被拔到一定程度时，飞机必然突然解体。

在生态系统中，每一个物种的灭绝就犹如飞机损失了一个铆钉，虽然一个物种的损失可能微不足道，但却增加了其余物种灭绝的危险；当物种损失到一定程度时，生态系统就会彻底被破坏。在我国热带雨林中曾观察到，砍掉了最高的望天树，其余的树木就将受到严重的影响，因为有很多树木是靠望天树的荫庇才能够生存的。

自然形成的物种多样性是生物与其环境长期作用和适应的结果。环境条件越是严酷，如干旱、高寒、多风和荒漠地带，物种的多样性越低，生态系统也就越脆弱，越不稳定。在这种条件下，破坏了一两种物种，就可能使生态系统全部瓦解。如在我国西北，胡杨树、红柳等沙漠植物被砍伐后，很快招致土地沙漠化，生态系统完全被毁灭。

（三）生物组成的协调性

植物之间、动物之间以及植物和动物之间长期形成的组成协调性，是生态系统结构整体性和维持系统稳定性的重要条件，破坏了这种协调关系，就可能使生态平衡受到严重破坏。野兔被带到澳洲造成的野兔成灾、北美科罗拉多草原消灭狼导致的鹿群增殖过多使草原遭致破坏，都是这方面的突出例子。

动物之间的捕食与被捕食关系对于维持生态系统的协调和平衡具有重要意义。许多猛兽、蛇类和部分兽类如黄鼠狼和狐狸等，都是老鼠的天敌。一只猫头鹰一个夏季可捕鼠1000多只；一条中等大小的成年蛇，每年约捕鼠150只；一只黄鼠狼一年可捕鼠200～300只。现在，由于这些鼠类天敌被捕杀，或者被农药毒杀，或因栖息地破坏而大量减少，才使老鼠迅速增加，成为巨大的生态危害。

在植物和动物之间，须特别注意保护单一食性动物的食料来源。在这方面，大熊猫和箭竹的关系最能说明问题。实际上，在任何生态系统中，当植物受到影响时，都会不同程度地影响到相关动物的生存。

（四）环境条件匹配性

生态系统结构的完整性也包括无生命的环境因子在内。土壤、水和植被三者是构成生态系统的支柱，他们之间的匹配性对生态系统的盛衰具有决定性意义。环境的匹配性当首推水分。水分供应充足、均匀或应时，水质好，都对生态系统有重要影响。土壤的影响很复杂，氮、磷、钾肥分的适当配比、土壤的结构、性质和有机质的含量，都有重要影响。

影响生态系统环境功能甚至影响系统自身稳定性的另一个关键是生态过程，主要是物质的循环和能量的流动两个主要过程。这个运行过程必须持续进行，削弱这一过程或切断运行中的某一环节，都会使生态系统恶化甚至完全崩溃。

保持生态系统物质循环的根本措施是任一种元素（物质）从某个环节被移出系统之外，都必须以一定的方式予以补充。例如：在农田生态的物质循环中，当作物收获带走养分时，就需施肥予以补充。同理，当某地植被因开发建设活动遭到破坏或清除时，就需人工补建绿色植被予以补偿，从而维持物质的循环作用。

能量流动是指来自太阳的光能经植物光合作用变为有机物（化学能）被储存起来，然后沿植物、动物和微生物的方向被传递。构成能量流动的核心是绿色植物，因此，能量流动的持续性也是以绿色植物的保护为核心的。

二、保持生态系统的再生产能力

生态系统都有一定的再生和恢复功能。一般来说，组成生态系统的层次越多，结构越复杂，系统越趋于稳定，受到外力干扰后，恢复其功能的自我调节能力也越强。相反，越是简单的系统越是显得脆弱，受外力作用后，其恢复能力也越弱。

生态系统的再生与恢复功能受两种作用左右，一是生物的生殖潜力，二是环境的制约能力。生物的生殖潜力一般较大，而且越是处于生物链底层的生物其生殖潜力越大，越是处于食物链顶端的生物其生殖潜力越小。如昆虫和老鼠，其生殖潜力非常之大，尽管人们千方百计地除虫和灭鼠，但虫害和鼠害却一天重似一天。相反，鸟类的生殖潜力则较小，受到的制约因素也较多。

为保持生态系统的再生与恢复能力，一般应遵循如下基本原理：

①保持一定的生境范围或寻找条件类似的替代生境，使生态环境得以就地恢复或异地重建；

②保持生态系统恢复或重建所必须的环境条件；

③保护尽可能多的物种和生境类型，使重建或恢复后的生态系统趋于稳定；

④保护生物群落和生态系统的关键种，即保护能决定生态系统结构和动态的生物种或建群种；

⑤保护居于食物链顶端的生物及其生境；

⑥对于退化中的生态系统，应保证主要生态条件的改善；

⑦以可持续的方式开发利用生物资源。

许多生态系统的变化或破坏，是由于人类强度和过度开发利用其中的某些生物资源造成的；而生态系统结构的恶化，使生物资源的生产能力降低，从而又加剧对其他生态系统的压力，并最终影响到人类经济社会的可持续发展。所以，从保障人类社会可持续发展出发，对于可再生资源的利用，应注意：将人类开发和获取生物资源的规模和强度限制在资源再生产的速率之下，不使过度消耗资源而导致其枯竭。例如：森林限量砍伐、不超过森林生长量（采补平衡）；鱼类限量捕捞或限制网目、规定捕鱼期和禁渔期，保障鱼类的再生；鼓励生物资源利用对象和利用方式的多样化，减轻对某种资源的开发压力；改善生物资源生存与养育的环境条件，即改善生态环境，提高生物资源的生产力。

三、以保护生物多样性为核心

尽管生物多样性有遗传多样性、物种多样性和生态系统多样性三个层次，但人们关注的焦点是易于观察和采取行动的动植物的物种多样性保护问题，尤其是物种的濒危和灭绝问题。导致动植物物种灭绝的原因主要是人为作用，如砍伐森林，开垦荒地，围垦湿地；过度收获某些生物资源，乱捕滥猎等。野生生物贸易和商业性利用常导致某些生物资源的过度开发和迅速灭绝。象牙、犀角、麝香贸易导致大象、犀牛和麝的濒危与灭绝是这方面的典型例证。国内屡禁不绝的野味餐馆是造成一些动物稀少和濒危的重要原因。

建立自然保护区是人类保护生物多样性的主要措施。但保护的效能却不尽如人意。一般而言，为有效进行生物多样性保护，应遵循如下基本原则：

（一）避免物种濒危和灭绝

这是针对物种大规模的灭绝而采取的一种应急措施，主要采取建立自然保护区、捕获繁殖、重新引种、试管受精技术以及建立种子、胚胎和基因库等方法保存物种和基因。

（二）保护生态系统的完整性

这包括保护生态系统类型、结构、组成的完整性和保护生态过程。由于生态因子间紧密的相关性特点，保护生物多样性必须是全面的即保护所有的物种并使之相互平衡，保护所有组成生态系统的非生物因子，不削弱其对生态系统的支持能力；保护所有的生态过程，使其按照固有的内在规律运行。

（三）防止生境损失和干扰

对大多数野生动物来说，最大的威胁来自其生境被分割、缩小、破坏和退化。生境改变一般是将高生物多样性的自然生态系统变为低生物多样性的半自然生态系统，如森林转化为草原或农田，自然的水域或滩涂转化为人工鱼塘或虾池等。另一种过程是将大面积连片的生态系统分割成一个个"孤岛"，形成脆弱的岛屿生境。现在一些残存生物多样性高的生态系统，如湿地、荒地、原始森林、珊瑚礁等和一些拥有特殊物种的生态系统，已成为生物多样性保护的敏感目标。这类生境的损失，对生物多样性影响十分巨大，有些是毁灭性的。

（四）保持生态系统的自然性

对自然保护区的研究发现，自然保护区中的物种和遗传因子一直不断地受到侵蚀。其原因，除保护区的面积较小、无法避免"岛屿"生境的作用外，人为干预过多是一个重要原因。由于公园管理要人为地引进物种（如植树）、控制生物（如过火）、实施管理（如修路、开渠、筑坝）等，都会使自然保护区失去其自然性，从而导致生物多样性的侵蚀。生物多样性保护不单单是保护动植物物种，而且也需要保护物种间的关系以及演化过程和生态过程。因此，尽可能保持生态系统的自然性，减少任何人为的干预、"改善""建设"，是生物多样性保护的法则之一。

（五）可持续地开发利用生态资源

生态资源对人类社会经济的发展有着重要意义，而许多生物资源和生态系统却经常处于人为作用之下。因此，人类开发利用这类资源的方式和强度，对生物多样性有着至关重要的影响。例如，综合和有限度地利用森林的多种非木材产品而不是砍伐木材，实际效益高而持久；农业品种多样性比单作有着更高的生态意义。控制外来物种，保持自然的水文状况，实行可持续利用的管理等，都是保护生物多样性所必不可少的。现在，重要的是要避免商业性的过度采伐、猎捕和更替等影响。

（六）恢复被破坏的生态系统和生境

对于已破坏的生态系统，要模仿自然群落来重建整个生物群落。这在生物多样性保护中虽然作用有限，但恢复的生态系统可被人类重新利用，并可减缓对残余的原生生境的压力。在陆地上，生态系统恢复的主要手段是恢复植被，尤其是恢复森林植被。在陆地生态系统中，森林植被因有比其他生态系统大得多的环境功能，其中包括保护生物多样性的功能，因而是重建生态系统的重点和基础。

四、保护特殊重要的生境

在地球上，有一些生态系统孕育的生物物种特别丰富。这类生态系统的损失会导致较多的生物灭绝或受威胁，还有一些生境，生息着需要特别保护的珍稀濒危物种。这些生境都是必须重点保护的对象。

（一）热带森林

单位面积的热带森林所赋存的植物和动物种最多。例如：亚马孙热带林中，$1hm^2$雨林就有胸径10cm以上的树种87～300种之多。我国的热带森林较少，主要分布在海南岛和云南西双版纳地区。同世界热带森林一样，我国热带森林也是物种最丰富的地区。目前，这些地区受到游牧农业、采薪伐木和商业性采伐的威胁，开发建设项目和农业开垦也是重要的影响因素。

（二）原始森林

我国残存的原始森林已经很少，因而显得格外珍贵。目前，残存的原始森林大多在峡谷深处、峻岭之巅。这些森林不仅是重要的物种保护库，而且是科学研究的基地。原始森林面临的最大威胁是商业性砍伐和人类活动干扰，而水陆道路的沟通使许多原先人迹难至的地方通车通航，常是导致这些森林消失的主要因素。

（三）湿地生态系统

湿地是开放水体与陆地之间过渡的生态系统，具有特殊的生态结构和功能。按照"国际重要湿地特别是水禽栖息地公约"的定义，湿地是指沼泽地、沼原、泥炭地或水域，无论是天然的或人工的、永远的或暂时的，其水体是静止的或流动的，是淡水、半咸水或咸水，还包括落潮时深不超过6m的海域。

湿地是许多种喜水植物的生长地，也是很多水鸟、水禽栖息地，并且是许多鱼虾贝类的产卵地和索饵地。湿地是生产力很高的自然生态系统，每平方米平均生产动物蛋白9g。湿地有多种生态环境功能，如储蓄水资源，改善地区小气候，消纳废物，净化水质等。红树林湿地是目前研究较多且受到高度重视的湿地生境。红树林的生态功能包括防风防潮、保护海岸免遭侵蚀；提供木材和化工原料；为许多鱼虾贝类提供繁殖、育肥基地。

湿地受到人类活动的压力主要包括疏干和围垦变为农田，填筑转化为城镇或工业用地，截流水源使湿地变干，养殖业发展特别是将湿地变为人工鱼池或虾池，伐木破坏湿地生态系统，筑路或其他用途挤占湿地等。

（四）荒野地

荒野地是指基本以自然力作用为主尚未被人类活动显著改变的土地，即没有永久性居住区或道路，未强度垦耕或连续放牧的土地。荒野地是人类尚未完全占领的野生生物生境，是现在地球上野生生物得以生存的"生态岛"和主要避难所。荒野地的生态学价值是其他土地不可替代的。荒野地受到的压力是：人口增加和经济开发活动的不断蚕食；石油、天然气和其他矿业开发活动的破坏；公路铁路穿越的分割作用；狩猎和采集采伐活动的干扰；缺乏正确认识导致的盲目开发与破坏等。

（五）珊瑚礁和红树林

珊瑚礁和红树林是海洋中生物多样性最高的地方，又是保护海岸防止侵蚀的重要屏障。珊瑚礁因其具有较高的直接使用价值而使受到破坏的可能性增大。

第三节　生物多样性及其保护

一、生物多样性的组成和层次

生物圈中最普遍的特征之一是生物多样性。生物多样性系指某一区域内遗传基因的品系，物种和生态系统多样性的总和。它涵盖了种内基因变化的多样性、生物物种的多样性和生态系统的多样性三个层次，完整地描述了生命系统中从微观到宏观的不同方面。

物种多样性是指地球上生命有机体的多样性。一般来说，某一物种的活体数量超大，其基因变异性的机会亦越大。但某些物种活体数量的过分增加，亦可能导致其它物种活体数量的减少，甚至减少物种的多样性。生态系统的多样性是指物种存在的生态复合体系的多样性和健康状态，即指生物圈内的生境、生物群落和生态过程的多样性。生态系统是所有物种存在的基础。物种的相互依存性和相互制约性形成了生态系统的主要特征——整体性。生物与生境的密切关系形成了生态系统的地域性特征，而生态系统包含众多物种和基因又形成了其层次性特征。

由于地球上生物的演化过程会产生新的物种，而新的生态环境又可能造成其他一些物种的消失，所以生物多样性是不断变化的。人类社会从远古发展至今，无论是狩猎、游牧、农耕，还是现代生产的集约化经营，均建立在生物多样性的基础上。正是地球上的生物多样性及其形成的生物资源，构成了人类赖以生存的生命支持系统。然而，人口的急剧增长和大规模的经济活动正使许多物种灭绝，造成生物多样性损失。这一问题已引起世界的广泛关注，并开始加强对生物多样性的认识和寻求保护生物多样性的途径。

二、生物多样性保护

生物多样性包括六方面内容：

①就地保护。选择有代表性的生态系统类型，生物多样性程度高的地点，具有稀有种和濒危种的地点加以保护并进行适宜的管理。

②异地保护。对保护区周围的地区进行管理以补充和加强保护区内部的生物多样性保护。

③寻找合适的管理方法，兼顾国家对生物多样性的保护和当地居民对生物资源的使用，增加地方从保护项目中所能得到的利益。

④以动、植物园的形式建立异地基因库，在保护濒危（或稀有）动植物物种的同时，对公众进行宣传教育，并为研究人员提供研究对象和基地。

⑤在就地保护区和异地保护区，对其指示性物种的种群变化和保护状况进行

监测。

⑥调整现有的国家和国际政策以促进对生境的持续利用（如采取补贴的办法）。

目前，就地保护是生物多样性保护的主要方式。就地保护分为维持生态系统和物种管理两种类型。维持生态系统的管理体系包括国家公园、供研究用的自然区域、海洋保护区和资源开发区。物种管理的体系包括农业生态系统、野生生物避难所、就地基因库、野生动物园和保护区。

第四节　自然保护区

一、自然保护区

自然保护区是指用国家法律的形式确定的长期保护和恢复的自然综合体，为此而划定的空间范围，在其所属范围内严禁任何直接利用自然资源的一切经营性生产活动。自然保护区是保存物种资源和繁衍后代的场所，建立自然保护区是保护物种资源的一项基本措施，也是生物多样性就地保护的主要措施。

（一）自然保护区的类型

根据国际自然与自然保护同盟（1UCN）的划定，自然保护区分为以下十类，其中最后两类是重叠于前八类的国际性保护区。

1.绝对自然保护区 / 科研保护区

主要是保护自然界，使自然过程不受干扰，以便为科学研究、环境监测、教育提供具有代表性的自然环境实例，并使遗传资源保持动态和演化状态。

2.国家公园

保护在科研、教育和娱乐方面具有国家意义或国际意义的重要自然区和风景区。这些地区实质上是未被人类活动改变的较大自然区域。

3.自然纪念物保护区 / 自然景物保护区

保护和保留那些具有特殊意义或独特性的重要自然景观。

4.受控自然保护区 / 野生生物保护区

是为了保护具有国家和世界意义的生态系统、生物群落和生物物种，保护它们持续生存所需要的特定的栖息地。

5.保护性景观和海景

保护具有国家意义的景观，这些景观以人类与土地和睦相处为特征，并通过这些地区正常生活方式、娱乐和旅游，为公众提供享受机会。

6.自然资源保护区

这类保护区既可以是多种单项自然资源的保护和储备地，也可以是综合自然资源的整体性保护地。目的是保护自然资源，防止和抑制那些可能影响自然资源的开发活动，使自然资源得到合理利用。

7. 人类学保护区／自然生物保护区

对偏僻隔离地区的部落民族所在地加以保护，保持那里传统的资源开发方式。

8. 多种经营管理／资源经营管理区

这一类保护区范围广，可以包括木材生产、水资源、草场、野生动物等多方面利用，或可能因受到人为影响而改变自然地貌，为了保持物种种源以及本地区永续利用，对该地区进行规划经营，加以保护性管理。

9. 生物圈保护区

这是为了目前和未来的利用而保护生态系统中动植物生物群落的多样性和完整性，保护物种继续演化所依赖的物种遗传多样性。

10. 世界自然遗产保护区

这类保护区是为了保护具有世界意义的自然地貌，是由世界遗产公约成员国所推荐的世界独特自然区和文化区。

（二） 自然保护区的等级划分

国际自然保护同盟将保护区划分为如下六个等级：

Ⅰ类保护区：严格的自然保护或野生保护区。为科学研究、环境监测、教育和在动态进化条件下保护遗传资源，维持自然过程不受干扰。

Ⅱ类保护区：自然公园。为了科研、教育等而予以保护的国内或国际上有重要意义的自然区和风景区。这类区域通常面积较大，未受人类活动干扰，不允许从保护区获得资源。

Ⅲ类保护区：自然山峰或自然陆地标记物。被保护的有重要意义的自然特征，它们有特别的价值或独特的风格。这类保护区通常面积较小，只对其特征部分予以保护。

Ⅳ类保护区：生境或物种管理区。为了就地保护具有重要意义的物种、类群、生物群落以及生态环境特征，对其自然条件予以保护，并进行必要的人工管理。在这类保护区中，允许适当采集某些资源。

Ⅴ类保护区：自然景观或海洋景观保护区。指维持自然状态的重要自然风景区，在这些风景区中人与环境和谐相处，人们可以在此休息和旅游。这些风景区通常是自然景观和人文景观结合的产物，其传统的土地利用保持不变。

Ⅵ类保护区：资源管理保护区。在长期保护和维护生物多样性的同时，提供持续的自然产品和服务以满足当地居民的需要。它们的面积比较大，自然系统基本上未被改变。在这里，传统的和可持续的资源利用得到鼓励。我国按自然保护区的重要性将其划分为国家级、省（市）级、市级、县级自然保护区。

二、选择自然保护区的条件

根据区域的典型性、自然性、稀有性、脆弱性、生物多样性、面积大小及科学研究价值等方面选择确定自然保护区，一般应满足下述条件：

①不同自然地带具有代表性的生态系统（在原生类型已消灭的地区，可选择具有代表性的次生类型）和自然综合体；

②区域特有的或世界性的珍稀或濒危生物种和生物群落的集中分布区；

③具有重要科学价值的自然历史遗迹（地质的、地貌的、古生物的、植物的等）；

④在维护生态平衡方面具有特殊重要意义而需要保护的地区；

⑤在利用和保护自然方面具有成功经验的地区，这些地区往往不仅具有重要的科学研究或观赏意义，而且有重要的经济价值。

在具体设立保护区网络时，一般可将全国分成不同的区域，在每个区域内，按其包括的主要生物群落类型，确定一批具有代表性和具有特殊保护价值的地域，作为设立保护区的考虑对象。

三、自然保护区功能分区

一个典型的自然保护区，一般可划分为三个区域，即核心区、缓冲区和实验区。由于三个区域的生物多样性、地位和功能不同，保护的重点和方式也有所不同。

核心区是各种原生性生态系统保存最好和珍稀濒危动植物集中分布的区域。它突出反映保护区的保护目的，并且包括保护对象持续生存所必需的所有资源。核心区应具有丰富的自然多样性和一定程度的文化多样性，重点是保护完整的、有代表性的生态系统及其生态过程，因此核心区的面积应大到足以构成有效的保护单元。核心区的人为活动应严格限制，一般仅限于物种调查和生态监测，不能采样或采集标本。为保持自然状态还应限制其中科学考察活动的频率和规模。核心区可以有一个或几个。

核心区外围应设缓冲区。缓冲区是自然性景观向人为影响下的自然景观过渡的区域，其主要目的是保护核心区，以缓冲外来干扰对核心区的影响。缓冲区的生物群落应与核心区相同或是其中的一部分，其宽度应根据保护性质和实际需要确定，一般不应小于500m。对于核心区比较小或保护对象季节性迁移的保护区，较宽阔的缓冲区直接起到保护作用。缓冲区是保护区内开展定位科学研究的主要区域，可以适当采样和采集标本，以及有限制的旅游活动。

核心区和缓冲区的外围是实验区，它包括部分原生或次生生态系统，人工生态系统或荒山荒地，也可以包括当地居民传统土地利用方式而形成的与周围环境和谐的自然景观。

实验区主要是探索资源保护与可持续利用有效结合的途径，在有效保护的前提下，对资源进行适度利用，并成为带动周围更大区域实现可持续发展的示范地。

在实验区内可以进行一定规模的幼林抚育、次生林改造、林副产品利用、荒山荒地造林以及动物饲养、驯化、招引等活动。通过这些活动，使自然保护区纳入地区发展规划中，既保护了自然资源和生物多样性，又促进了地区发展。

自然保护区功能分区应遵循下述原则：

（一）保护第一的原则

核心区、缓冲区和实验区的功能有所不同，核心区重点在保护，缓冲区提供研究基地，实验区为地区发展作示范作用。无论是核心区、缓冲区，还是实验区，保护目标应是统一的，都必须有利于保护对象的持续生存。保护区中一般只允许在实验区有人工景观，但仅限于必要设施，与保护无关的生活服务、旅游接待等设施应尽可能布置在保护区外。

（二）核心区与缓冲区的生态完整性原则

核心区的景观应是自然的、多样性的。野生生物的栖息地板块中，有时会出现已退化的不适合野生生物生存的零星碎片，形成栖息地空洞现象。将这些碎片与好的栖息地背景一并设计成一个完整的没有空洞的核心区，会使这些退化的栖息地碎片得以逐步恢复。一些生态环境不太好的地段，如果被核心区包围或基本隔绝，那么应按核心区的标准来管理，重点保护生物的栖息地，应纳入核心区；对不便于划入核心区的地块，可划入缓冲区。

（三）实验区的可持续性原则

实验区具有保护与发展的双重任务，其可持续性直接影响到自然保护区的可持续发展。实验区由于要同时实现保护、科研和资源利用等多重目标，因而与核心区相比，其管理要求应当更高。实验区不应固定比例，其位置和面积应在确保保护目标的前提下，根据自然资源利用的可能性及限制条件决定。

实验区的一切科学试验活动要有利于保护目标的实现和保护区的可持续发展，要对试验活动的规模、类型和强度作必要的限制。可以根据生物圈保护区的思想，在实验区外围设置保护地带，并对保护地带内的生产活动作出规定，以扩大保护区的实际保护范围。

第三章 污水处理控制工程

第一节 物理化学处理法

物理处理法的基本原理是利用物理作用使漂浮状态和悬浮状态的污染物质与废水分离，以达到污水净化的目的。在处理过程中污染物质不发生变化，使废水得到一定程度的澄清，又可回收分离下来的物质加以利用，主要包括格栅、沉砂、过滤、气浮等工艺。该法的最大优点是简单、易行，并且十分经济，但是效果较差，常常作为污水处理的预处理过程。

物理法和化学法与生物处理法相比，能较迅速、有效地去除更多的污染物，可作为生物处理后的一级处理、一级强化处理或三级处理工艺。此法还具有设备容易操作、容易实现自动检测和控制、便于回收利用等优点。

一、格栅和筛网

格栅和筛网是污水处理的第一个处理单元，通常设置在污水处理厂各处理构筑物之前，它们的主要作用是：去除污水中粗大的漂浮物，保护污水处理机械设备（如提升泵等）和后续处理单元的正常运行。污水处理厂一般设置两道格栅，第一道为粗格栅，常常设置在污水提升泵前，用于拦截粗大漂浮的物质，防止粗大漂浮的物质进入提升泵而引发故障；第二道为细格栅，常常设置在沉砂池前，进一步拦截较粗大漂浮物，保证沉砂池的正常运行。

城市污水通过下水道收集并送入污水处理厂的集水井，污水中往往会夹杂着树叶、塑料瓶、衣物等漂浮物，所以污水首先应经过斜置在渠道内的一组由金属制成的呈纵向平行的框条（格栅）、穿孔板或过滤网（筛网），使漂浮物或悬浮物不能通过而被阻留在格栅、细筛或滤料上。被格栅拦截下来的各类污染物统称为栅渣。

格栅按形状分为：平面格栅，筛网呈平面；曲面格栅，筛网呈弧状。按栅条的缝隙大小分为：粗格栅（50～100mm）、中格栅（10～40mm）和细格栅（3～10mm）。按栅渣清理方式分为：人工清理和机械清理。栅渣应及时清理和处理。

筛网主要用于截留粒度在数毫米到数十毫米的细碎悬浮杂物，如纤维、纸浆、藻类等，筛网通常用金属丝、化纤编织而成，或用穿孔钢板制成，孔径一般小于5mm，最小可为0.2mm。筛网过滤装置有转鼓式、旋转式、转盘式、固定式振动斜筛等形式。不论何种结构，既要能截留污物，又要便于卸料及清理筛面。

水力旋转筛网非常适合于纤维类物质较多的污水处理，因为纤维类物质容易从污水中被拦截下来，但是纤维类物质容易在格栅前杂乱无章地交织成不透水结构，容易导致污水的漫溢，如桑拿洗浴废水、洗衣废水等。而水力旋转筛网能及时地将筛网上的拦截物抖落，不致于引起堵塞。

栅渣的数量与格栅缝隙、污水水质、所处地区等有关，在生活污水处理过程中，当缝隙宽度为10～25mm时栅渣量为22～60L／1000m³；缝隙宽度为25～50mm时栅渣量为5～22L／1000m³。栅渣的含水率为75%～85%，密度为950kg／m³左右，有机物占80%～85%。

栅渣的处置方法包括填埋、土地卫生堆弃、堆肥发酵、焚烧等，也可以栅渣粉碎后送到污水中，作为可沉固体与初次沉淀池污泥合并处理。

二、沉砂池

沉砂池主要用于去除污水中粒径大于0.2mm，密度大于2.65t／m，的砂粒，以保护管道、阀门等设施免受磨损和阻塞。

沉砂池的工作原理是以重力分离为基础，即将进入沉砂池的污水流速控制在只能使比重大的无机颗粒下沉，而有机悬浮颗粒则随水流带走。沉砂池种类可分为平流式沉砂池、竖流式沉砂池、曝气沉砂池和旋流式沉砂池4种基本形式。

（一）平流式沉砂池

平流式沉砂池是最常见、最传统的一种沉砂池，具有构造简单、工作稳定、处理效果好且易于排砂等特点。

平流式沉砂池的工作原理是使污水从一端缓缓地流过构筑物，密度较大的颗粒物得到自然沉降而去除。平流式沉砂池的缺点是占地面积大。

（二）竖流式沉砂池

竖流式沉砂池是一个圆形池子或多边形池子，污水由中心管底部进入沉淀池后自下而上流出沉淀池，而砂粒则在中心管中借重力作用沉于池底，由于污水和砂粒从中心管中分离，污水的向上流动也影响了砂粒的重力沉降，所以它的处理效果一般较差，一般适合于小型污水处理厂或占地较紧张的中型污水处理厂。

（三）曝气沉砂池

由于沉砂池沉降下来的沉渣中往往夹杂、吸附一定量的有机物，容易腐败发臭，特别是气温较高的时候，容易产生恶臭气味，目前广泛使用的曝气沉砂池可以克服这一缺点。曝气沉砂池有占地小、能耗低、土建费用低等优点，故多采用曝气沉砂池。曝气沉砂池是在平流沉砂池的侧墙上设置一排空气扩散器，使污水产生横向流动，形成螺旋形的旋转状态，砂砾之间产生相互摩擦，使附着在砂砾表面的污染物脱落下来，并随水流走。

曝气沉砂池从20世纪50年代开始试用，目前已推广使用。它具有下述特点：①沉砂中含有机物的质量分数低于5%，不容易发臭；②由于池中设有曝气设备，它还具有预曝气、脱臭、防止污水厌氧分解、除泡和加速油类分离等作用。这些特点对后续的沉淀、曝气、污泥消化池的正常运行和沉砂的干燥脱水提供了有利条件。

（四）旋流式沉砂池

旋流式沉砂池是近些年发展起来的一种沉砂池，往往与A^2/O工艺联用，旋流式沉砂池通过旋流作用将砂粒和水完全分离，但是不增加水体中的溶解氧。在沉砂池中间设有可调速的桨板，使池内的水流保持环流。桨板、挡板和进水水流组合在一起，旋转的涡轮叶片使砂粒呈螺旋形流动，促进有机物和砂粒的分离，由于所受离心力不同，相对密度较大的砂粒被甩向池壁，在重力作用下沉入砂斗；而较轻的有机物，则在沉砂池中间部分与砂子分离，有机物随出水旋流带出池外。通过调整转速，可以达到最佳的沉砂效果。砂斗内沉砂可以采用空气提升、排沙泵排砂等方式排除，再经过砂水分离达到清洁排砂的标准。

三、过滤

格栅、筛网和沉砂池主要用于去除污水中一些尺寸较大的漂浮物和密度较大的颗粒物，但是对悬浮物的去除效果偏低。过滤工艺对污水中悬浮物、颗粒物、胶体等去除效果非常显著，经过过滤池的污水透明度会显著提高。

废水通过粒状滤料（如石英砂、陶粒、无烟煤等）床层时，其中细小的悬浮物和胶体就被截留在滤料的表面和内部空隙中，这种通过粒状介质层分离不溶性污染物的方法称为过滤。

（一）阻力截留

当废水自上而下（或自下而上）流过粒状滤料层时，粒径较大的悬浮物被机械截留在表层滤料的空隙中，从而使此层（也称纳污层）滤料空隙越来越小，截污能力随之变得越来越高，结果逐渐形成一层主要由截留的固体颗粒形成的滤膜，可进一步提高过滤效果；当然纳污层会随着污水处理过程的增加会逐渐增厚，直到纳污层分布到整个滤层，滤池的滤层失去纳污能力，表示运行周期结束，滤池就要进行反冲洗以恢复滤层的纳污能力。

（二）重力沉降

废水通过滤层时，众多的滤料表面提供了巨大的沉降面积。1粒径为0.5mm的滤料中就有400m²不受水力冲刷影响而提供悬浮物沉降的有效面积，形成无数的小"沉淀池"，悬浮物极易在此沉降下来。

（三）接触絮凝

由于滤料具有巨大的比表面积，它与悬浮物之间有明显的物理吸附作用。此外，砂粒在水中常常带有表面负电荷，能吸附带正电荷的铁、铝等胶体，从而在滤料表面形成带正电荷的薄膜，并进而吸附带负电荷的黏土和多种有机物胶体，在砂粒表面发生接触絮凝。按滤层层数可分为单层、双层和多层滤池；按作用水头可分为重力滤池和压力滤池；按过滤速度可分为慢滤池和快滤池。

过滤工艺包括过滤和反冲洗两个基本阶段。过滤即截留污物，反冲洗即把污染物从滤层中洗去，使之恢复过滤功能。过滤周期是指滤池从过滤开始到结束所延续的时间称为过滤周期（或工作周期）。

滤料是滤池中最重要的组成部分，是完成过滤的主要介质，分为天然滤料和人工滤料。除了有足够的机械强度、较好的化学稳定性、适宜的级配和孔隙率外，还必须满足：①滤料纳污能力大，过滤水头损失小，工作周期长；②出水水质符合回用或外排的要求；③反冲洗耗水量少，效果好，反洗后滤料分层稳定而不发生很大程度的滤料混杂；④滤料质量密度介于$1.1\sim1.3g/L$，以节省反冲洗的动力消耗。

四、气浮

气浮处理法就是在废水中生产大量的微小气泡作为载体去黏附废水中微细的疏水性悬浮固体和乳化油，使其随气泡浮升到水面形成泡沫层，然后用机械方法撇除，从而使得污染物从废水中分离出来。

气浮法原理：悬浮物表面有亲水和憎水之分，憎水性颗粒表面容易附着气泡，因而可用气浮法；亲水性颗粒用适当的化学药品处理后可以转为憎水性，然后采用气浮除去，这种方法称为"浮选"。水处理中的气浮法，常用混凝剂使胶体颗粒结为絮体，絮体具有网络结构，容易截留气泡，从而提高气浮效率。再者，水中如有表面活性剂（如洗涤剂）可形成泡沫，也有附着悬浮颗粒一起上升的作用。

气浮池池面通常为长方形，平底或锥底，出水管位置略高于池底，水面设刮泥机和集泥槽。因为附有气泡的颗粒上浮速度很快，所以气浮池容积较小，水流停留时间仅10余分钟。气浮时要求气泡的分散度高，量多，有利于提高气浮的效果。泡沫层的稳定性要适当，既便于浮渣稳定在水面上，又不影响浮渣的运送和脱水。产生气泡的方法主要有以下3种。

（一）电解气浮法

电解气浮法是向污水中通入$5\sim10V$的直流电，从而产生微小气泡。但由于电耗大，电极板极易结垢，所以主要用于中小规模的工业废水处理。

（二）曝气气浮法

曝气气浮法又称分散空气法，是在气浮池的底部设置微孔扩散板或扩散管，压缩空气从板面或管面以微小气泡形式逸出于水中。也可在池底处安装叶轮，轮轴垂直于水面，而压缩空气通到叶轮下方，借叶轮高速转动时的搅拌作用，将大气泡切割成小气泡。曝气气浮法如图 3-1（a）所示。

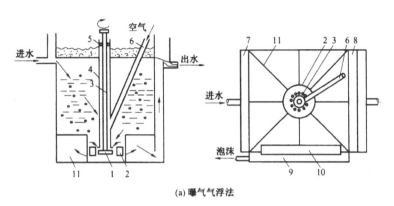

(a) 曝气气浮法

1—叶轮；2—盖板；3—转轴；4—轴套；5—轴承；6—进气管；7—进水槽；8—出水槽；9—泡沫槽；10—刮沫板；11—整流板

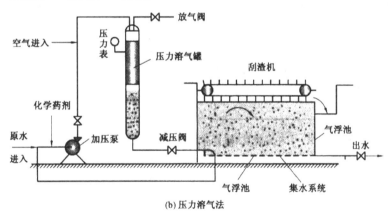

(b) 压力溶气法

图 3-1　两种气浮法

（三）压力溶气法

将空气在一定的压力下溶于水中，并达到饱和状态，然后突然减压，过饱和的空气便以微小气泡的形式从水中逸出。目前废水处理中的气浮工艺多采用压力溶气法，如图 3-1（b）所示。

压力溶气法的主要缺点是：耗电量较大；设备维修及管理工作量增加，运行部分常有堵塞的可能，浮渣露出水面易受风、雨等气候因素的影响。

压力溶气法的应用：分离水中的细小悬浮物、藻类及微絮体；回收工业废水中的有用物质，如造纸废水中的纸浆纤维及填料；代替二次沉淀池，分离和浓缩剩余活性污泥，特别适用于已经产生污泥膨胀的二次沉淀池；分离回收含油废水中的悬浮油和乳化油。

五、沉淀

沉淀法是利用废水中的悬浮物颗粒和水比重不同的原理，借助重力沉降作用将悬浮颗粒从水中分离出来的方法，应用十分广泛。

（一）沉淀类型

根据水中悬浮颗粒的浓度及絮凝特性（即彼此黏结、团聚的能力）沉淀类型，可分为以下4种。

1. 分离沉降（或自由沉降）

废水中悬浮固体浓度不高，而且不具有凝聚的性能，在沉淀过程中颗粒之间互不聚合，单独进行沉降。在沉淀过程中，颗粒呈分散状态，只受到本身的重力（包括本身重力和水的浮力）和水流阻力的作用，其形状、尺寸、质量均不变，下降速度也不改变，主要发生在沉砂池中和初次沉淀池的沉淀初期。

2. 混凝沉降（或絮凝沉降）

混凝沉降是指在混凝剂的作用下，使废水中的胶体和细微悬浮物凝聚为具有可分离性的絮凝体，然后采用重力沉降予以分离去除。常用的无机混凝剂有硫酸铝、硫酸亚铁、三氯化铁及聚合铝，常用的有机絮凝剂有聚丙烯酰胺等。

混凝沉降的特点是：废水中悬浮固体浓度不高的情况下，在沉淀的过程中，颗粒接触碰撞而相互聚集形成较大絮体，因此颗粒的尺寸和质量均会随深度的增加而增大，其沉速也随深度而增加，主要发生在初次沉淀池中和二次沉淀池初期。

3. 成层沉降（或拥挤沉降）

当废水中悬浮颗粒的浓度提高到一定程度后，每个颗粒的沉淀将受到其周围颗粒的干扰，沉速有所降低，如浓度进一步提高，颗粒间的干涉影响加剧，沉速大的颗粒也不能超过沉速小的颗粒，在聚合力的作用下，颗粒群结合成为一个整体，各自保持相对不变的位置，共同下沉。液体与颗粒群之间形成清晰的界面，沉淀的过程实际就是这个界面下降的过程（活性污泥在二次沉淀池的后期沉淀和高浊度水的沉淀）。

4. 压缩沉降

当悬浮液中悬浮固体浓度较高时，颗粒相互接触和挤压，在上层颗粒的重力作用下，下层颗粒间隙中的水被挤出，颗粒群体被压缩。压缩沉降发生在沉淀池底部的污泥斗中或污泥浓缩池中，过程进行缓慢。

（二）沉淀池

沉淀工艺的主要设备是沉淀池，沉淀的目的是最大限度地除去水中的悬浮物，减轻后续净化设备的负担或对后续处理起一定的保护缓冲作用。沉淀池的工作原理是使污水缓慢地流过池体，使悬浮物在重力作用下沉降。根据沉淀池中水流方向不同可以分为以下4种沉淀池。

1. 平流式沉淀池

废水从池子一端流入，按水平方向在池子内流动，水中悬浮物逐渐沉向池底，澄清水从另一端溢出。平流式沉淀池池形呈长方形，在进口处的底部设污泥斗，池底污泥在刮泥机的缓慢推动下被刮入污泥斗内。平流式沉淀池因为占地面积较大，目前常见于较为老旧的污水处理厂。

2. 辐流式沉淀池

辐流式沉淀池的池子多为圆形，直径较大，一般为20～30m，适用于大型污水处理厂。污水由进水管进入中心管后，通过管壁上的孔口和外围的环形穿孔挡板，沿径向呈辐射状流向沉淀池周边。由于过水断面不断增大，流速逐渐变小，颗粒沉降下来，澄清水从池周围溢出并汇入集水槽排出。沉于池底的泥渣由安装于桁架底部的刮板刮入泥斗，再借静压或污泥泵排出。根据进出水类型不同，辐流式沉淀池还有周边进水中间出水和周边进水周边出水等类型。

3. 竖流式沉淀池

水由中心管的下口流入池中，通过反射板的拦阻向四周分布于整个水平断面上缓缓向上流动。沉速超过上升流速的颗粒则向下沉降到污泥斗，澄清后的水由池四周的堰口溢出池外，竖流式沉淀池多为圆形或方形。

4. 斜板、斜管沉淀池

斜板、斜管沉淀池是根据浅池理论设计的新型沉淀池。斜板（或斜管）相互平行地重叠在一起，间距不小于50mm，斜角为50°～60°，水流从平行板（管）的一端流到另一端，使每两块板间（或每根管子）都相当于一个很浅的小沉淀池。

上述沉淀池各具特点，可适用于不同场合。平流式沉淀池结构简单，沉淀效果较好，但占地面积大，排泥存在问题较多，目前在大、中、小型水处理厂中均有采用。竖流式沉淀池占地面积小，排泥较方便，且便于管理，然而池深过大，施工难，使池的直径受到了限制，一般适用于中小型污水处理厂。辐流式沉淀池有定型的排泥机械，运行效果较好，最适宜大型水处理厂，但施工质量和管理水平要求较高。

六、膜分离技术

用半透膜将浓度不同的溶液隔开，溶质即从浓度高的一侧透过膜而扩散到浓度低的一侧，这种现象称为渗析作用（或称浓差渗析）。渗析作用是一个自然过程，是一个顺浓度梯度扩散的过程。

（一）膜分离

膜分离法是利用特殊的薄膜（过滤膜）对液体中的某些成分进行选择性透过的方法，其实是利用孔径较小膜的拦截作用实现各类物质的分离和纯化，是渗析作用的反过程，所以为了实现膜分离，常常需要补充动力。溶剂透过膜的过程称为渗透，溶质透过膜的过程称为渗析。

膜分离的基本原理是：过滤膜表面具有复杂孔隙结构（海绵状支撑层和致密表皮层），当污水在抽吸泵的抽吸作用下通过滤膜，粒径较大的颗粒物会被强制拦截下来，使污水得到净化。

膜分离法的特点包括：

①膜分离过程不发生相变，因此能量转化的效率高。例如，现在的各种海水淡化方法中反渗透法能耗最低。

②膜分离过程在常温下进行，因而特别适于对热敏性物料如果汁、酶、药物等的分离、分级和浓缩。

③装置简单，操作简单，控制、维修容易，且分离效率高。与其他水处理方法相比，具有占地面积小、适用范围广、处理效率高等特点。

（二）电渗析

电渗析的原理是在直流电场的作用下，依靠对水中离子（质子）有选择透过性的离子交换膜，使离子从一种溶液透过离子交换膜进入另一种溶液，以达到分离、提纯、浓缩、回收的目的。

电渗析原理：电渗析使用的半渗透膜其实是一种离子交换膜。这种离子交换膜按离子的电荷性质可分为阳离子交换膜（阳膜）和阴离子交换膜（阴膜）两种。在电解质水溶液中，阳膜允许阳离子透过而排斥阻挡阴离子，阴膜允许阴离子透过而排斥阻挡阳离子，这就是离子交换膜的选择透过性。在电渗析过程中，离子交换膜不像离子交换树脂那样与水溶液中的某种离子发生交换，而只是对不同电性的离子起到选择性透过作用，即离子交换膜不需再生。电渗析工艺的电极和膜组成的隔室称为极室，其中发生的电化学反应与普通的电极反应相同。阳极室内发生氧化反应，阳极水呈酸性，阳极本身容易被腐蚀。阴极室内发生还原反应，阴极水呈碱性，阴极上容易结垢。

电渗析法是20世纪50年代发展起来的一种新技术，最初用于海水淡化，现在广泛用于化工、轻工、冶金、造纸和医药工业，尤以制备纯水和在环境保护中处理三废最受重视，例如用于酸碱回收、电镀废液处理以及从工业废水中回收有用物质等。

七、混凝

混凝是指通过投加某种化学药剂使水中胶体粒子和微小悬浮物聚集的过程，包括凝聚和絮凝两个过程。凝聚主要指胶体脱稳并生成微小聚集体的过程，絮凝主要指脱稳的胶体或微小悬浮物聚结成大的絮凝体的过程。混凝是一种物理化学过程，涉及水中胶体粒子性质、所投加化学药剂的特性和胶体粒子与化学药剂之间的相互作用。混凝法对水体的透明度、浊度有非常显著的效果。

化学混凝所处理的对象，主要是水中的微小悬浮物和胶体杂质，微小粒径的悬浮物和胶体能在水中长期保持分散悬浮状态，即使静置数十小时以上，也不会自然沉降。这是由于胶体微粒及细微悬浮颗粒具有"稳定性"。

（一）胶体的稳定性

天然水中的黏土类胶体、污水中的胶态蛋白质和淀粉等都带有负电荷，它的中心称为胶核，其表面选择性地吸附了一层带有同号电荷的离子，这些离子可以是胶核的组成物直接电离而产生的，也可以是从水中选择吸附 H^+ 或 OH 而造成的，这层离子称为胶体微粒的电位离子，它决定了胶粒电荷的大小和符号。由于电位离子的静电引力，在其周围又吸附了大量的异号离子，这层离子称为胶体微粒的电位离子，形成了"双电层"。这些异号离子，其中紧靠电位离子的部分被牢固地吸引着，当胶核运动时，它也随着一起运动，形成固定的离子层。而其他的异号离子，离电位离子较远，受到的引力较弱，不随胶核一起运动，并有向水中扩散的趋势，形成了扩散层，固定的离子层与扩散层之间的交界面称为滑动面。滑动面以内的部分称为胶粒，胶粒与扩散层之间有一个电位差。此电位差称为胶体的电动电位，常称为 ζ 电位。而胶核表面的电位离子与溶液之间的电位差称为总电位或 φ 电位。图 3-2 为胶体结构示意图。

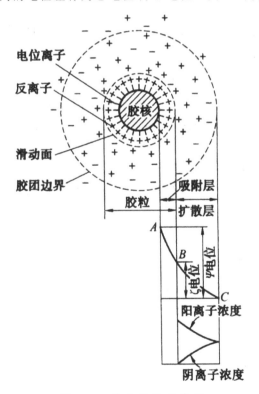

图 3-2　胶体结构示意图

胶粒在水中受以下 3 方面因素的影响。

①由于胶粒带电现象，带相同电荷的胶粒产生静电斥力，而且 ζ 电位越高，胶粒间的静电斥力越大。

②受水分子热运动的撞击，使微粒在水中做不规则的运动，即"布朗运动"。

③胶粒之间还存在着相互引力——范德瓦尔斯引力。范德瓦尔斯引力的大小与胶粒间距的2次方成反比，当间距较大时，此引力略去不计。

一般水中胶粒的ζ电位较高，其互相间斥力不仅与ζ电位有关，还与胶粒的间距有关，距离越近，斥力越大，而布朗运动的动能不足以将两颗胶粒推近到使范德瓦尔斯引力发挥作用的距离。因此，胶体微粒不能相互聚结而长期保持稳定的分散状态。

使胶体微粒不能相互聚结的另一个因素是水化作用。由于胶粒带电，将极性水分子吸引到它的周围形成一层水化膜。水化膜同样能阻止胶粒间的相互接触。但是，水化膜是伴随胶粒带电而产生的，如果胶粒的电位消除或减弱，水化膜也就随之消失或减弱。

（二）混凝原理

化学混凝的机理至今仍未完全清楚，因为它涉及的因素很多，如水中杂质的成分和浓度、水温、水的pH、碱度和混凝剂的性质以及混凝条件等。但归结起来，可以认为主要是4方面的作用。

1.压缩双电层作用

由于水中胶粒能维持稳定的分散悬浮状态，主要是由于胶粒的ζ电位。如能消除或降低胶粒的ζ电位，就有可能使微粒碰撞聚结，失去稳定性。在水中投加电解质——混凝剂可达此目的。例如天然水中带负电荷的黏土胶粒，在投入铁盐或铝盐等混凝剂后，混凝剂提供的大量正离子会涌入胶体扩散层甚至吸附层。因为胶核表面的总电位不变，增加扩散层及吸附层中的正离子浓度，就使扩散层减薄。当大量正离子涌入吸附层以致扩散层完全消失时，ζ电位为零，称为等电状态。在等电状态下，胶粒间静电斥力消失，胶粒最易发生聚结。实际上，ζ电位只要降至某一程度而使胶粒间排斥的能量小于胶粒布朗运动的动能时，胶粒就开始产生明显的聚结，这时的ζ电位称为临界电位。胶粒因电位降低或消除以致失去稳定性的过程，称为胶粒脱稳。脱稳的胶粒相互聚结，称为凝聚。

2.吸附—电中和作用

颗粒表面对异号离子、异号胶粒或链状分子带异号电荷的部位有强烈的吸附作用，由于这种吸附作用中和了它的部分电荷，减少了静电斥力，因而容易与其他颗粒接近而互相吸附。此时静电引力常是这些作用的主要方面，但在很多情况下，其他的作用超过了静电引力。

3.吸附架桥作用

三价铝盐或铁盐以及其他高分子混凝剂溶于水后，经水解和缩聚反应形成高分子聚合物，具有线性结构。因其线性长度较大，这类高分子物质可被胶体微粒强烈吸附。当它的一端吸附某一胶粒后，另一端又吸附另一胶粒，在相距较远的两胶粒间进行吸附架桥，使颗粒逐渐变大，形成肉眼可见的粗大絮凝体。这种由高分子物质吸附架桥作用而使微粒相互黏结的过程，称为絮凝。

4. 网捕作用

当金属盐（如硫酸铝或氯化铁）或金属氧化物和氢氧化物（如石灰）做凝聚剂时，当投加量大得足以迅速沉淀金属氢氧化物（如 $Al(OH)_3$，$Fe(OH)_3$，$Mg(OH)_2$）或金属碳酸盐（如 $CaCO_3$）时，水中的胶粒可被这些沉淀物在形成时所网捕。当沉淀物是带正电荷（$Al(OH)_3$ 及 $Fe(OH)_3$ 在中性和酸性 pH 范围内）时，沉淀速度可因溶液中存在阴离子而加快，例如硫酸根离子。此外水中胶粒本身可作为这些金属氢氧化物沉淀物形成的核心，所以凝聚剂最佳投加量与被除去物质的浓度成反比，即胶粒越多，金属凝聚剂投加量越少。

以上介绍的混凝的4种机理，在污水处理中通常不是单独孤立的现象，而往往可能是同时存在的，只是在一定情况下以某种现象为主而已，目前看来它们可以用来解释水与废水的混凝现象。但混凝的机理尚在发展，有待通过进一步的实验以取得更完整的解释。

第二节　水的生物处理法

生物处理法是利用自然环境中的生物（包括微生物、动物和植物）来氧化分解废水中的有机物和某些无机毒物（如氰化物、硫化物），并将其转化为稳定无害的无机物的一种废水处理方法。污水生物处理法是建立在环境自净作用基础上的人工强化技术，其意义在于创造出有利于微生物生长繁殖的良好环境，增强微生物的代谢功能，促进微生物的增殖，加速有机物的无机化，增进污水的净化进程。该方法具有投资少、效果好、运行费用低等优点，在城市废水和工业废水的处理中得到广泛的应用。

一、水处理中的生物分类

（一）细菌

细菌是水的生物处理的主要力量之一，水的生物处理法就是利用微生物的新陈代谢作用将水中的污染物进行氧化还原，变成简单的化合物，如二氧化碳、水、氮气等，并释放出能量；同时，细菌利用这些污染物作为生长繁殖的营养物进行同化作用，合成自身的物质组成，在此过程中需要消耗能量。

水处理过程中所涉及的细菌种类繁多，包括动胶杆菌属，假单胞菌属（在含糖类、烃类污水中占优势），产碱杆菌属（在含蛋白质多的污水中占优势），黄杆菌属，大肠埃希式杆菌等。这些细菌在水处理构筑物中因营养物质丰富而大量繁殖，并形成菌胶团，以免流失或被吞噬。

多种细菌按一定的方式互相黏集在一起，被一个公共荚膜包围形成一定形状的细菌集团称为菌胶团。它是活性污泥絮体和滴滤池黏膜的主要组成部分，是污染物去除的核心。

（二）真菌

真菌是水处理构筑物中的另一大类，主要包括藻类、酵母菌和霉菌等，该类微生物对水质净化具有一定的积极作用，特别是对于一些含有难降解污染物的工业污水等，但是真菌也往往是丝状菌膨胀的主要原因之一。

（三）原生动物

原生动物是一类最原始的动物，在水处理构筑物中所包含的原生动物主要有肉足纲、鞭毛纲和纤毛纲等，这些原生动物对水质净化也有非常积极的作用，如原生动物可以摄食游离细菌和污泥颗粒，从而有利于改善活性污泥的活性和提高水质的清澈度。由于原生动物体型较大，用光学显微镜即可清晰地观察和辨认，是水处理构筑物运行状况的指示性微生物，通过辨认原生物的种类、活性和大小等，能够判断处理水质的优劣。

（四）微型后生动物

微型后生动物是水处理构筑物中较为高等的一类微生物，主要包括轮虫、线虫、红斑瓢体虫等，这些高等微生物对水质净化具有一定的辅助作用，主要吞噬污泥颗粒、悬浮物质、分散的细菌等，所以具有良好的指示性作用和改善污泥絮体（生物膜）的活性作用，如轮虫的出现标志着水处理构筑物运行正常和稳定，线虫的出现标志着生物滤池的堵塞，红斑瓢体虫的出现说明活性污泥老化等。当然，后生动物的数量太多，对水处理构筑物的运行也是不利的，如轮虫的数量太多，会使生物膜变得松散而流失。

（五）高等水生植物

近些年来，随着人工湿地、植物氧化塘等工艺在水处理中的广泛应用，高等水生植物在净化水质和污水处理中的作用越来越被关注。高等水生植物具有以下作用：①高等水生植物利用同化作用使水中部分有机物转变成植物的组成部分；②高等水声植物利用光合作用使其丰富的根系周围形成富氧区、缺氧区和厌氧区，使不同生理生化特性的微生物共存，提高水中污染物的降解种类和效果；③高等水生植物的根系为鱼类的生长、产卵、繁殖和避害提供了良好的场所，同时高等水生植物的植物丛为飞禽提供了栖息地，有利于水生态系统的稳定，可提高水处理的效果。高等水生植物应用到水处理领域的经济效益、社会效益等也是非常显著的。

此外，水处理过程中还具有其他一些高等动物，如飞鸟、水禽等，能通过在觅食水处理构筑物中的污泥颗粒、后生动物等来优化水处理效果。

二、污水的好氧生物处理

生物处理法根据微生物生长繁殖是否需要氧气分为好氧生物处理和厌氧生物处理

两类。主要依赖好氧菌和兼性菌的生化作用来完成废水处理的工艺称为好氧生物处理法。该法需要有溶解氧的供应，主要有活性污泥法和生物膜法两种。

（一）好氧菌的生化过程

好氧菌（包括兼性菌）在足够溶解氧的供给下利用废水中的有机物（溶解的和胶体的）进行好氧分解，约有 1/3 的有机物被分解转化或氧化为 CO_2、NH_3、亚硝酸盐、硝酸盐、硫酸盐等产物，同时释放出能量作为好氧菌自身生命活动的能源。此过程称为异化分解；另有 2/3 的有机物则被作为好氧菌生长繁殖所需要的构造物质，合成新的原生质（细胞质），成为同化合成过程。新的原生质就是废水生物处理过程中的活性污泥或生物膜的增长部分，通常称剩余活性污泥或称生物污泥。

当废水中的营养物（主要是有机物）缺乏时，好氧菌通过氧化体内的原生质来提供生命活动的能源（称内源代谢或内源呼吸），这将会造成微生物数量的减少。准确来说，好氧生物处理过程不仅是有机物的降解过程，而且还包括氨氮的转化。

（二）活性污泥法

活性污泥法是处理城市废水常用的方法，也是最成熟的方法之一。它能从废水中去除溶解的和胶体的、可生物降解的有机物以及能被活性污泥吸附的悬浮固体和其他一些物质，无机盐类（磷和氮的化合物）也部分地被去除。

1. 概述

向富含有机污染物、并有细菌的废水中不断地通入空气（曝气），一定时间后就会出现悬浮态絮状的泥粒，这实际上是由好氧菌（及兼性菌）、好氧菌所吸附的有机物和好氧代谢活动的产物所组成的聚集体，具有很强的分解有机物的能力，称之为"活性污泥"。活性污泥易于沉淀分离，使废水得到澄清。这种以活性污泥为主体的生物处理法称为活性污泥法。活性污泥法对废水的净化作用是通过两个步骤来完成的。

第一步为吸附阶段。因为活性污泥具有较大的表面积，好氧菌分泌的多糖类黏液具有很强的吸附作用，与废水接触后，在很短时间内（10～30min）便会有大量有机物被活性污泥所吸附，使废水中的 BOD_5 和 COD 出现较明显的降低（可去除85%～90%）。在这一阶段也进行吸收和氧化作用。

第二步为氧化阶段。好氧菌对已吸附和吸收的有机物质进行分解代谢，使废水得到了净化；同时通过氧化分解使达到吸附饱和后的污泥重新呈现活性，恢复它的吸附和分解代谢能力。此阶段进行得十分缓慢。实际上曝气池的大部分容积内都在进行着有机物的氧化和微生物原生质的合成过程。

要想达到良好的好氧生物处理效果，需满足以下3点要求：①向好氧菌提供充足的溶解氧和适当浓度的有机物（做微生物底物）；②好氧菌和有机物（即需要除去的废物）需充分接触，要有搅拌混合设备；③当好氧菌把废水中有机物吸附分解之后，活性污泥易于与水分离，同时回流污泥，重新利用。

2. 活性污泥法的基本流程

活性污泥法系统由曝气池、二次沉淀池、污泥回流装置和曝气系统组成。

待处理的废水，经初次沉淀池等构筑物预处理后与回流的活性污泥同时进入曝气池，成为混合液。由于不断曝气，活性污泥和废水充分混合接触，并有足够的溶解氧，保证了活性污泥中的好氧菌对有机物进行分解。然后混合液流至二次沉淀池，污泥沉降与澄清液分离，上清液从二次沉淀池不断地排出，沉淀下来的活性污泥一部分回流到曝气池以维持处理系统中一定的细菌数量，另一部分（即剩余污泥，主要是由好氧菌不断繁殖增长及分解有机物的同时产生）则从系统中排除。

3. 曝气装置

（1）鼓风曝气

曝气池常采用长方形的池子。采用定型的鼓风机供给足够的压缩空气，并使它通过布设在池侧的散气设备进入池内与水接触，使水流充分充氧，并保持活性污泥呈悬浮状态。

（2）机械曝气

机械曝气是利用曝气器内叶轮的转动剧烈翻动水面使空气中的氧溶入水中，同时造成水位差使回流污泥循环。

此外，鼓风曝气和机械曝气经常联合使用，以提高曝气池内的曝气效果；射流曝气也是目前常见的曝气手段。

4. 活性污泥法的发展与演变

活性污泥法自发明以来，根据反应时间、进水方式、曝气设备、氧的来源、反应池型等不同，已经发展出多种变型，主要包括传统的推流式、渐减曝气法、阶段曝气法、高负荷曝气法、延时曝气法、吸附再生法、完全混合法、深井曝气法、纯氧曝气法等。这些变型方式有的还在广泛应用，同时新开发的处理工艺还在工程中接受实践的考验，采用时须慎重区别对待，因地制宜地加以选择。

根据不同的目的和要求，可以选择不同的活性污泥法工艺，例如延时曝气法有利于减少剩余污泥量，深井曝气法适用于耕地紧张的地区等。

（三）生物膜法

当废水长期流过固体多孔性滤料（亦称生物载体或填料）表面时，微生物在介质滤料表面生长繁殖，形成黏性的膜状生物污泥，称之为生物膜。利用生物膜上的大量微生物吸附和降解水中有机污染物的水处理方法称为生物膜法。它与活性污泥法的不同之处在于微生物是固着生长于介质滤料表面，故又称为固着生长法，活性污泥法则又称为悬浮生长法。

生物膜具有很大的比表面积，在膜外附着一层薄薄的、缓慢流动的水层，称为附着水层。在生物膜系统中，生物膜内外、生物膜与水层之间进行多种物质的传递过程。废水中的有机物由流动水层转移到附着水层，进而被生物膜所吸附。空气中的氧溶解于流动水层中，通过附着水层传递给生物膜，供微生物呼吸之用。好氧菌对有机物进行氧化分解和同化合成，产生的CO_2和其他代谢产物一部分溶入附着水层，一部分析出到空气中（即沿着相反方向从生物膜经过水层排到空气中去）。如此循环往复，使废水中的有机物不断减少，从而净化废水。

生物膜厚度一般以$0.5 \sim 1.5mm$为佳。当生物膜超过一定厚度后，吸附的有机物在传递到生物膜内层的微生物之前就已被代谢掉。此时内层微生物得不到充分的营养而进入内源代谢，失去其黏附在滤料上的性能而脱落下来，随水流出滤池，滤料表面重新长出新的生物膜。因此在废水处理过程中，生物膜经历着不断生长、不断剥落和不断更新的演变过程。

（四）生物膜法净化设备

1. 生物滤池

生物滤池由滤床、布水设备和排水系统3部分组成，在平面上一般呈方形、矩形或圆形。生物滤池可分为普通生物滤池、高负荷生物滤池和塔式生物滤池3种形式。普通生物滤池又称低负荷生物滤池或滴滤池。

废水通过旋转布水器均匀地分布在滤池表面上，滤池中装满了滤料，废水沿着滤料表面从上向下流动到池底进入排水沟，流出池外并在沉淀池里进行泥水分离。滤料一般采用碎石、卵石或炉渣等颗粒滤料。滤料的工作厚度通常为$1.3 \sim 1.8m$，粒径为$2.5 \sim 4cm$；承托厚度为$0.2m$，垫料粒径为$70 \sim 100mm$。对于生活废水，普通生物滤池的有机物负荷率较低，仅为$0.1 \sim 0.3kg（BOD_5）/（m^3 \cdot d）$，处理效率可达$85\% \sim 95\%$。

高负荷生物滤池的所有滤料的直径一般为$40 \sim 100mm$，滤料层较厚，可达$2 \sim 4m$，采用树脂和塑料制成的滤料还可以增大滤料层高度，并可以采用自然通风。高负荷生物滤池的有机物负荷率为$0.8 \sim 1.2kg（BOD_5）/（m^3 \cdot d）$；滤层高度在$8 \sim 16m$的为塔式生物滤池，也属于高负荷生物滤池，其有机物负荷率可高达$2 \sim 3kg（BOD_5）/（m^3 \cdot d）$。由于负荷率高，废水在塔内停留时间很短，仅需几分钟，因而BOD_5去除率较低，为$60\% \sim 85\%$，一般采用机械通风供氧。

曝气生物滤池（BAF）也叫淹没式曝气生物滤池（SBF），是在普通生物滤池、高负荷生物滤池、生物滤塔、生物接触氧化法等生物膜法的基础上发展而来的，被称为第三代生物滤池。一般来说，曝气生物滤池具有以下特征：

①用粒状填料作为生物载体，如陶粒、焦炭、石英砂、活性炭等。

②区别于一般生物滤池及生物滤塔，在去除BOD、氨氮时需进行曝气。

③高水力负荷、高容积负荷及高生物膜活性。

④具有生物氧化降解和截留悬浮固体的双重功能，生物处理单元之后不需再设二次沉淀池。

⑤需定期进行反冲洗，清洗滤池中截留的悬浮固体以及更新生物膜。

2. 生物转盘

生物转盘的工作原理和生物滤池基本相同，主要的区别是它以一系列绕水平轴转动的盘片（直径一般为2～3m）代替固定的滤料。

生物转盘工艺是生物膜法污水生物处理技术的一种，是污水灌溉和土地处理的人工强化，这种处理法使细菌和菌类的微生物、原生动物一类的微型动物在生物转盘填料载体上生长繁育，形成膜状生物性污泥（生物膜）。

生物转盘的工作原理如下：运行时，废水在池中缓慢流动，盘片在水平轴带动下缓慢转动（0.8～3r/min）。当盘片某部分浸入废水时，生物膜吸附废水中的有机物，使好氧菌获得丰富的营养；当转出水面，生物膜又从大气中直接吸收所需的氧气。如此反复循环，使废水中的有机物在好氧菌的作用下氧化分解，盘片上的生物膜会不断地自行脱落，并随水流入二次沉淀池中除去。一般废水的BOD负荷保持在低于15mg/L，可使生物膜维持正常厚度，很少形成厌氧层。

3. 生物接触氧化法

生物接触氧化法是一种介于活性污泥法与生物滤池之间的生物膜法处理工艺，具有活性污泥法和生物膜工艺的优良特性，一定程度上讲，该工艺是一种复合式生物处理法，又称为淹没式生物滤池。

水质净化原理如下：池内挂满各种填料，全部填料浸没在废水中。目前多使用的是蜂窝式或列管式填料，上下贯通，水力条件良好，氧量和有机物供应充分，同时填料表面全为生物膜所布满，保持了高浓度的生物量。在滤料支撑下部设置曝气管，用压缩空气鼓泡充氧。废水中的有机物被吸附于滤料表面的生物膜上，被好氧菌分解氧化。

4. 生物流化床

生物流化床是化学工业领域流化床技术移植到水处理领域的科技成果，它诞生于20世纪70年代的美国。

生物流化床的工作原理是以活性炭、砂、无烟煤及其他颗粒作为好氧菌的载体，充填于反应器内，废水自下向上流过砂床使载体层呈流动状态，从而在单位时间内加大生物膜同废水的接触面积和充分供氧，并利用填料沸腾状态强化废水生物处理过程。

三、厌氧生物处理

好氧生物处理效率高，应用广泛，已经成为城市废水处理的主要方法。但好氧生物处理的能耗较高，剩余污泥量较多，特别不适宜处理高浓度有机废水和污泥。厌氧生物处理相对于好氧生物处理的显著优势在于：①不需供氧；②最终产物为热值很高的甲烷气体，可用作清洁能源；③特别适宜于处理城市废水处理厂的污泥和高浓度有机工业废水。

（一）厌氧菌的生化过程机理

厌氧生物处理或称厌氧消化是指在无氧条件下，通过厌氧菌和兼性菌的代谢作用，对有机物进行生化降解的处理方法。厌氧生物处理是一个相当复杂的生物化学过程，对有机物的厌氧分解过程机理仍然存在一定的争议，但是目前较多人接受的是Bryant在研究中提出的3个阶段理论，即水解酸化阶段、产氢产乙酸阶段和产甲烷阶段（碱性发酵阶段）。

第一阶段是水解酸化阶段。在该阶段，复杂的大分子、不溶性有机物在微生物胞外酶作用下分解成简单的小分子溶解性有机物；随后，这些小分子有机物渗透到细胞内被进一步分解为挥发性的有机酸（如乙酸、丙酸），醇类和醛类等。

第二阶段是产氢产乙酸阶段。在这一阶段，由水解酸化阶段产生的乙醇和各种有机酸等被产氢产乙酸细菌分解转化为乙酸、氢气和二氧化碳等。在水解酸化和产氢产乙酸阶段，因有机酸的形成与积累，pH可下降到6以下。而伴随着有机酸和含氮化合物的分解，消化液的酸性逐渐减弱，pH可回升至$6.5\sim6.8$左右。

第三阶段是产甲烷阶段。在该阶段，乙酸、乙酸盐、氢气和二氧化碳等被产甲烷细菌转化为甲烷。该过程分别由生理类型不同的两种产甲烷细菌共同完成，其中的一类把氢气和二氧化碳转化为甲烷，而另一类则通过乙酸或乙酸盐的脱羧途径来产生甲烷。

实际上在厌氧反应器的运行过程中，厌氧消化的3个阶段同时进行并保持一定程度的动态平衡。这一动态平衡一旦为外界因素（如温度、pH、有机负荷等）所破坏，则产甲烷阶段往往出现停滞，其结果将导致低级脂肪酸的积累和厌氧消化进程的异常。

（二）厌氧生物处理过程中的影响因素

根据生理特性的不同，可粗略地将厌氧生物处理过程中发挥作用的微生物类群分为产乙酸细菌和产甲烷细菌。产乙酸细菌对环境因素的变化通常具有较强的适应性，而且增殖速度较快。产甲烷细菌不但对生长环境要求苛刻，而且其繁殖的世代周期也更长。厌氧过程的成败和消化效率的高低主要取决于产甲烷细菌。因此，在考察厌氧生物处理过程的影响因素时，大多以产甲烷细菌的生理、生态特征为着眼点。影响厌氧处理效率的基本因素有温度、酸碱度、氧化还原电位、有机负荷、厌氧活性污泥浓度及性状、营养物质及微量元素、有毒物质和泥水混合接触状况等。

（三）厌氧法的工艺和反应器

厌氧法工艺按微生物生长状态可分为厌氧活性污泥法和厌氧生物膜法；按投料、出料及运行方式可分为分批式、连续式和半连续式。厌氧活性污泥法包括普通消化池、厌氧接触工艺、上流式厌氧污泥床反应器等；厌氧生物膜法包括厌氧滤池、厌氧流化床、厌氧生物转盘等。

1.普通厌氧消化池

普通消化池（Commondigester）又称传统或常规消化池。消化池常用密闭的圆柱形池，废水定期或连续进入池中，经消化的污泥和废水分别由消化池底和上部排出，所产沼气从顶部排出。池径从几米至三四十米，柱体部分的高度约为直径的1/2，池底呈圆锥形，以利排泥。为使进水与微生物尽快接触，需要一定的搅拌。常用的搅拌方式有3种：①池内机械搅拌；②沼气搅拌；③循环消化液搅拌。

普通消化池的特点：可以直接处理悬浮固体含量较高或颗粒较大的料液；厌氧消化反应与固液分离在同一个池内实现，结构较简单。

2. 厌氧滤池

厌氧滤池又称厌氧固定膜反应器，是20世纪60年代末开发的新型高效厌氧处理装置。滤池呈圆柱形，池内装放填料，池底和池顶密封。厌氧微生物附着于填料的表面生长，当废水通过填料层时，在填料表面厌氧生物膜的作用下，废水中的有机物被降解，并产生沼气，沼气从池顶部排出。废水从池底进入，从池上部排出，称为升流式厌氧滤池；废水从池上部进入，以降流的形式流过填料层，从池底部排出，称为降流式厌氧滤池。

厌氧生物滤池的特点：①由于填料为微生物附着生长提供了较大的表面积，滤池中的微生物量较高，又因生物膜停留时间长，平均停留时间长达100d左右，因而可承受的有机容积负荷高，COD容积负荷为2～16kg（COD）/（m^3·d）；②废水与生物膜两相接触面大，强化了传质过程，因而有机物去除速度快；③微生物固着生长为主，不易流失，因此不需污泥回流和搅拌设备；④启动或停止运行后再启动比前述厌氧工艺法时间短；⑤处理含悬浮物浓度高的有机废水易发生堵塞，尤以进水部位更严重。因此，进水悬浮物质量浓度不应超过200mg/L。

3. 厌氧生物转盘和挡板反应器

厌氧生物转盘的构造与好氧生物转盘相似，不同之处在于盘片大部分（70%以上）或全部浸没在废水中，为保证厌氧条件和收集沼气，整个生物转盘设在一个密闭的容器内。

厌氧挡板反应器是从研究厌氧生物转盘发展而来的，生物转盘不转动即变成厌氧挡板反应器。挡板反应器与生物转盘相比，可减少盘的片数和省去转动装置。

厌氧生物转盘的特点：①厌氧生物转盘内微生物浓度高，因此有机物容积负荷高，水力停留时间短；②无堵塞问题，可处理较高浓度的有机废水；③不需回流，动力消耗低；④耐冲击能力强，运行稳定，运转管理方便。

4. 上流式厌氧污泥床反应器

上流式厌氧污泥床（UASB）反应器，是于20世纪70年代初研制开发的。UASB反应器以其独特的特点，成为世界上应用最为广泛的厌氧生物处理方法。从UASB反应器首次建立生产性装置以来，全世界已有超过600座UASB反应器投入使用，其处理的废水几乎囊括了所有有机废水。污泥床反应器内没有载体，是一种悬浮生长型的消化器。其主要的特点有：反应器负荷高，体积小，占地少；可以不添加或少添加营养物质；能耗低，产生的甲烷可以作为能源利用；不产生或产生很少的剩余污泥；规模可大可小，操作灵活方便。

UASB 反应器的机构可以分为污泥床、污泥悬浮层、三相分离器和沉淀区 4 个部分。废水由底部进入反应器，UASB 反应器能去除的有机物 70% 在污泥床中完成，剩下的 30% 在污泥悬浮层内去除，被气泡挟带的污泥在三相分离器内实现气固分离，一些沉降性能好、活性高的污泥由沉淀区返回反应器，而沉降性能差、活性低的污泥则被冲洗出反应器，保证了活性高的污泥的基质利用，从而实现淘劣存优的效果。

上流式厌氧污泥床的池形有圆形、方形和矩形。小型装置常为圆柱形，底部呈锥形或圆弧形。大型装置为便于设置气、液、固三相分离器，则一般为矩形，高度一般为 3～8m，其中污泥床为 1～2m，污泥悬浮层为 2～4m，多用钢结构或钢筋混凝土结构。

UASB 反应器良好的污染物去除效果（一般 80% 以上）是依靠反应器中形成的厌氧颗粒污泥实现的。厌氧颗粒污泥性状各异，大多数具有相对规则的球形或椭球形，直径在 0.15～5mm 之间，颜色通常呈黑色或灰色，沉降性能良好，文献报道其沉降速度的典型范围是 18～100m／h。颗粒污泥本质上是多种微生物的聚集体，主要由厌氧微生物组成，是颗粒污泥中参与分解复杂有机物的主要微生物。

颗粒污泥的形成过程即颗粒化过程是单一分散厌氧微生物聚集生长成颗粒污泥的过程，是一个复杂而且持续时间较长的过程，可以看成是一个多阶段的过程。首先是细菌与基体（可以是细菌，也可以是有机或无机材料）相互吸引粘连，这是污泥形成的开始阶段，也是决定污泥结构的重要阶段。细菌与基体接近后，通过细菌的附属物如菌丝和菌毛等，或通过多聚物的粘连，将细菌黏接到基体上。随着粘接到基体上的细菌数目的增多，开始形成具有初步代谢作用的微生物聚集体。微生物聚集体在适宜的条件下，各种微生物大量繁殖，最后形成沉降性能良好、产甲烷活性高的颗粒污泥。

5. 厌氧污泥膨胀床反应器和内循环厌氧反应器

厌氧污泥膨胀床反应器和内循环厌氧反应器已成功应用于多项工程实践。

厌氧颗粒污泥膨胀床反应器虽然在结构形式、污泥形态等方面与 UASB 反应器非常相似，但其工作运行方式与 UASB 反应器显然不同，主要表现在上流式厌氧污泥床（UASB）反应器一般采用 2.5～6m／h 的液体表面上升流速（最高可达 10m／h），高 COD 负荷（8～15kg（CODcr）／（m³·d））。高的液体表面上升流速使颗粒污泥床层处于膨胀状态，不仅使进水能与颗粒污泥充分接触，提高了传质效率，而且有利于基质和代谢产物在颗粒污泥内外的扩散和传送，保证了反应器在较高的容积负荷条件下正常运行。膨胀颗粒污泥床 EGSB 反应器实质上是固体流态化技术在有机废水生物处理领域的具体应用。EGSB 反应器的工作区为流态化的初期，即膨胀阶段（容积膨胀率为 10%～30%），在此条件下，进水流速较低，一方面可保证进水基质与污泥颗粒的充分接触和混合，加速生化反应进程，另一方面有利于减轻或消除静态床（如 UASB）中常见的底部负荷过重的状况，增加反应器对有机负荷特别是对毒性物质的承受能力。EGSB反应器适用范围广，可用于悬浮固体（SS）含量高和对微生物有抑制性的废水处理，在低温和处理低浓度有机废水时有明显优势。

内循环厌氧反应器构造的特点是具有很大的高径比，一般可达4~8，反应器的高度达到20m左右。整个反应器由第一厌氧反应室和第二厌氧反应室叠加而成。每个厌氧反应室的顶部各设一个气、固、液三相分离器。第一级三相分离器主要分离沼气和水，第二级三相分离器主要分离污泥和水，进水和回流污泥在第一厌氧反应室内进行混合。第一反应室有很大的去除有机物能力，进入第二厌氧反应室的废水可继续进行处理，去除废水中的剩余有机物，提高出水水质。内循环厌氧反应器具有极高COD负荷（15~25kg（CODcr）/（m³·d）），结构紧凑，节省占地面积，借沼气内能提升实现内循环，不必外加动力，抗冲击负荷能力强，具有缓冲pH的能力，出水稳定性好，可靠性高，基建投资低。

第三节　城市污水处理系统

一、城市污水常规处理系统

城市污水是排入城市污水系统的污水总称，其中包括生活污水、工业污水和降雨等组成部分。城市污水处理目的是采用各种技术与手段（或称处理单元），将污水中所含的污染物质分离去除、回收利用，或将其转化为无害物质，使水得到净化，从而降低或消除对城市周边水环境的污染。

城市污水处理系统是一项涉及生物、化学、物理等多项学科的综合性技术，其工艺机理较为复杂污水处理工艺包括一级处理、二级处理和污泥处理。

各级处理工艺及特点介绍如下。

（一）一级处理（物理法）

利用物理作用处理、分离和回收污水中的悬浮固体（SS）和泥砂，主要设备有格栅、筛网、沉砂池、初次沉淀池、水泵、除渣机等。物理法工艺过程的变化较快，在此过程中能去除20%~30%的有机物和60%~70%的SS以及90%以上的病毒微生物。一级处理过程不仅能有效地处理污水中的有机污染物、SS、沉砂、病毒等，还能有效地保护后续工艺的正常运行。

（二）二级处理（生化法）

生化法是利用微生物能够降解代谢有机物的作用，来处理污水中呈溶解或胶体状的有机污染物质，是城市污水处理厂进行污水处理的核心技术。目前城市污水处理厂仍以活性污泥法为主，也有较少的小型城市污水处理厂采用生物膜法。通过二级处理可去除污水中约90%的SS和约95%的生化需氧量（BOD）。其中主要构筑物包括曝气池、二次沉淀池、污泥回流系统和风机房等部分。

（三） 污泥的处理与处置

污泥的处理与处置是废水生物处理过程中带来的次生问题。一般情况下，城市污水处理厂产生的污泥约为处理水体积的 0.5%～1.0%，污泥产生量较大。特别是这些大量污泥中往往含有相当多的有毒有害有机物、寄生虫卵、病原微生物、细菌以及重金属离子等，若不处理而随意堆放，将对周围环境造成二次污染。

城市污水处理厂所产生的污泥主要来自初次沉淀池和二次沉淀池。对污泥的处理与处置方法和工艺主要包括污泥调理、污泥浓缩、污泥脱水、污泥干燥、污泥焚烧或资源化利用等，在此过程中还会产生甲烷等气体。

二、城市污水深度及强化处理系统

（一） 三级处理 （深度处理）

近些年来，随着氮、磷等元素污染导致的水体富营养化问题和污水排放标准的不断严格，对污水进行深度处理已经成为发展趋势。利用各种技术对城市污水处理厂二级生物处理排出的污水进行深度处理，主要是为了去除二级生物处理厂出水中的氮、磷、悬浮物质、胶体和一些难降解有机污染物，以及对出水中的微生物进行消毒。污水进行深度处理技术主要包括过滤、膜过滤、活性炭吸附、离子交换和高级氧化技术等。城市污水深度处理对控制水体的富营养化具有非常重要的意义。

（二） 城市污水一级强化处理

强化城市污水处理厂一级处理效果是目前研究的热点，以往城市污水处理厂一级处理工艺主要用于去除漂浮物（如毛发、塑料等）、重力大的物质（如砂子、煤渣等）以及一些容易沉降的悬浮物等，如磷、氮、胶体、重金属等去除效果很有限，给城市污水处理厂的二级处理和三级处理工段带来了很大的压力。但是一级处理工艺段所占的面积也较大，所以城市污水厂通过强化一级处理，对提高城市污水处理厂的处理效果、处理水量以及降低城市污水处理厂的占地面积有积极意义。城市污水一级强化处理最普遍使用的方法是在沉淀池前投加药剂，通过投加药剂提高沉淀池的沉淀效果，进而提高污染物的处理效果。目前利用化学强化沉淀法提高城市污水厂一级处理效果，所投加的药剂主要包括铁系和铝系的混凝剂，有时也与高分子有机絮凝剂（如聚丙烯酰胺等）等配合使用，以获得更好的处理效果。

虽然我国环保投资呈逐年增加趋势，但水环境污染的日益加剧和经济发展水平的相对较低，决定了我国中小城市的污水处理在相当长一段时间内（污水排放量约占城市污水总量的70%）不可能普遍采用二级生物处理，只有在一级处理基础上进行强化，削减总体污染负荷，探索出适合我国国情的"高效低耗"城市污水处理新技术和新工艺。化学强化一级处理、生物絮凝吸附强化一级处理和化学一生物联合絮凝强化一级处理正是在此背景下研究出来的，在近期亟待解决城市污水污染问题上，具有十分重要的现实意义。

第四节　工业废水处理技术

工业废水是指在工业生产过程中所排放的废水。工业企业历来是排污大户，其各大生产工序均需要大量的水来进行生产。工业废水的来源一般按行业划分，如食品工业废水、化工行业废水、造纸工业废水、生物制药废水、石油工业废水、冶金工业废水等。根据工业废水中所含污染物质的不同，又可以分为有机废水、无机废水、混合废水、放射性废水等。

工业废水是最重要的污染源，废水中含有多种有害成分，主要包括耗氧性有机物、悬浮固体、微量有机物、重金属、氧化物及有毒有机物、氮、磷、油以及挥发性物质等。不同行业废水由于自身的生产工艺差别较大，废水中主要污染物也各不相同。

一、工业废水的特点

（一）排放量大、污染范围广、排放方式复杂

工业生产用水量大，相当一部分生产用水中都带有一定量的原料、中间产物、副产物及产物等。工业企业遍布全国各地，污染范围广；而且排放方式复杂，有间歇式排放的、连续式排放的和无规律排放的，给水污染控制带来了很大的不便。

（二）污染物种类繁多、浓度波动幅度大

由于工业产品品种多，因此工业生产过程中排放的污染物也很多，不同污染物的性质有很大差异，浓度也相差甚远。

（三）污染物质有毒性、刺激性和腐蚀性，pH变化幅度大，悬浮物和营养元素浓度大

被酸碱类污染的废水有刺激性和腐蚀性，而有机物能消耗水体中的溶解氧，使受纳水体缺氧而导致生态系统破坏；还有一些工业废水中含有大量的氮、磷等污染物，排入水体后会导致水体产生富营养化问题。

（四）污染物排放后迁移变化规律差异大

工业废水中所含各种污染物物理性质和化学性质差别较大，有些还具有较强的毒性、较大的蓄积性和较高的稳定性。污染物一旦排放，其迁移变化规律很不相同，有的沉积于水底，有的挥发转入大气，有的富集于生物体内，有的则分解转化为其他物质，造成二次污染。如金属汞排入水体后会在某些微生物的作用下产生甲基化，形成甲基汞，其毒性比金属汞的毒性强得多。

二、工业废水的处理和控制

对于工业废水的处理与控制可根据工业废水的水质水量、排放特点、施工场地、废水出路及最终用途等来选择合适的水处理工艺和方法。一般在城市污水处理中使用的方法在工业废水的处理中均有使用，如活性污泥法、生物膜法等。但是由于工业废水的水质差异过大，所以根据水质水量的不同，可选择不同的工艺和运行方式。如排放浓度高的稳定有机废水则可以以厌氧+好氧联合处理的方法，并连续运行；如有机物浓度高，污水排放规律性较差，则可以选择好氧生物处理方法，以间歇运行方式运行。但是当某工业污水中具有较高浓度的金属离子，而有机物浓度较低时，则应该采取电渗析的方法或离子交换法。总体来说，工业废水的处理要具体情况具体分析，择优选择适当的工艺和适当的运行方式。

第四章 固体废物污染及其防治

第一节 固体废弃物的概述

一、固体废弃物的定义

固体废物是指在社会的生产、流通、消费等一系列活动中产生的一般不再具有原使用价值而被丢弃的以固态和泥状赋存的物质。

2004年12月29日修订、2005年4月1日施行的《中华人民共和国固体废物污染环境防治法》第六章第八十八条第（一）款中指出："固体废物是指在生产、生活和其他活动中产生的丧失原有利用价值或者虽未丧失利用价值但被抛弃或者放弃的固态、半固态和置于容器中的气态的物品、物质以及法律、行政法规规定纳入固体废物管理的物品、物质。"

在《巴塞尔公约》的有关文件中，也对"废物"给出了比较确切的理解："废物"是指处置的或打算予以处置的或按照国家法律规定必须加以处置的物质或物品。

另一个在国际上较为通用的定义是："无直接用途的、可以永久丢弃的可移动的物品"。这里所谓的"永久丢弃"意味着废物将不再回收利用。

二、固体废弃物的特性

固体废物具有随时间、空间变化的二重性。所谓不再具有原使用价值，并不意味其没有利用价值，事实上，废与不废是一个相对的概念，它与当时的社会发展阶段，技术水平与经济条件以及生活习惯均密切相关。在实际的生产和生活过程中，人们对自然资源及其产品的利用总是只利用需要的一部分或只利用一段时间，而剩下的无用或失效部分则被丢弃。被丢弃的这部分物质是多种多样的，它是否成为废物，是具有一定时空条件的。某一种生产活动产生的废物，可能成为另一种生产活动的原料；同样，在一个时期被视为废物的东西，随着科学技术的发展和进步，又可能成为宝贵的资源。例如，采矿废渣可以作为水泥生产的原料，电镀污泥可用来回收高附加值的重金属产品，城市垃圾可以焚烧发电……

固体废物也有二次资源、再生资源、放错了地方的资源等称谓。固体废物工程也发展成为一门新兴的应用技术型学科，即再生资源工程。总之，"放错地点的原料"，"废"具有时间和空间的相对性。

三、固体废弃物的分类

按照其化学组成，分为有机废物和无机废物。

按照其对环境与人类健康的危害程度，分为一般废物和危险废物。

按照其来源，分为工业固体废物、城市垃圾、放射性废物等。我国《固体废物污染环境防治法》将固体废物分成城市生活垃圾、工业固体废物、危险废物。

（一）工业固体废弃物

这类固体废弃物指工业生产过程和工业加工过程所产生的废渣、粉尘、废屑、污泥等。主要包括以下几种。

（1）冶金工业废弃物，这主要指各种金属冶炼或加工过程中所产生的各种废渣，如炼铁产生的炉渣，炼钢产生的钢渣，铜、镍、铝、锌等冶炼过程中产生的有色金属渣，铁合金渣以及提炼氧化铝时产生的赤泥等。

（2）能源工业固体废弃物，这主要指燃煤电厂产生的粉煤灰、炉渣、烟道灰、采煤及洗煤过程中产生的煤矸石等，还有石油工业产生的油泥、焦油、页岩渣、废催化剂等。

（3）化学工业固体废弃物，这主要指化学工业生产过程中产生的硫铁矿渣、酸渣、碱渣、盐泥等。

（4）其他固体废弃物，这主要指机械加工过程中产生的金属碎屑、建筑废料以及轻工纺织系统产生的废渣及水处理污泥等。

（5）矿业固体废弃物，这类废弃物主要包括采矿废石和尾矿。废石是指各种金属、非金属矿山开采过程中剥离下来的各种岩石。

这类废弃物量大，多在采矿现场就近堆放；尾矿则是指各种选矿、洗矿过程中产生的剩余尾砂。

（二）城市垃圾

城市垃圾指居民生活、商业活动、市政维护、机关办公等产生的生活废弃物。如炊厨废弃物、废纸、织物、家用杂具、玻璃陶瓷碎物、电器制品、废旧塑料制品、废交通工具、煤灰渣、脏土及粪便等。

（三）农业固体废物

农业固体废物指农、林、牧、渔各业生产、科研及农民日常生活过程中的植物秸秆、牲畜粪便、生活废物等。

（四）放射性固体废弃物

放射性固体废弃物指燃料生产加工、同位素应用、核电站、科研单位、医疗单位以及放射性废物处理设施的放射性废弃物：如尾矿、被污染的废旧设备、仪器、防护用品、废树脂、水处理污泥及残液等。

（五）有害废弃物

有毒有害固废国际上称之为危险固体废物，泛指除放射性废物外，具有直接毒害，即具有毒性、易燃性、反应性、腐蚀性、爆炸性、传染性的废物，如：医药废物、二噁英的废物。有毒有害废弃物一旦管理不当，就会对人体健康和环境造成危害。这种危害包括急性危害，如急性中毒、火灾爆炸等。还包括长期潜在性危害，如慢性中毒、致癌、污染地面和地下水等。

危险废物（法规定义），是指列入国家危险废物名录或者根据国家规定的危险废物鉴别标准和鉴别方法认定的具有危险特性的固体废物。

第二节　固体废弃物的环境问题

一、固体废弃物的污染现状

固体废弃物的种类繁多，成分复杂，数量巨大，是环境的主要污染源之一，其危害程度不亚于水污染和大气污染。由各种废弃物造成的环境污染及其控制已成为世界各国所共同面临的一个重大环境问题，特别是危险废物，由于其对环境造成污染的严重性，1983 年联合国环境规划署将其与酸雨、气候变暖和臭氧层保护并列作为全球性环境问题，1992 年 6 月在联合国第二次世界环境与发展大会上制定的 21 世纪议程中，也把解决危险废物的污染问题列入重要内容。

我国对固体废弃物污染控制起步较晚，虽然在固体废弃物的处理利用方面已取得一定进展，并出现了一些适合我国目前经济技术发展水平的固体废弃物处理技术，但与发达国家相比，水平还很低，处理、处置技术还远远不能满足国内经济和社会发展的需要。

（一）工业固体废弃物污染现状

随着工业生产规模的扩大，工业固体废物的产生量逐年递增，自 1981 年到 1988 年，中国经历了一个工业固体废弃物产生量以年增长率 8%～15% 高速增长的时期，1989 年起，增长率降为 2%　5%。进入 20 世纪 90 年代后年产生量超过 6 亿 t。目前，我国工业固体废弃物的产生量已经达到12亿t，年产生量最大的是矿山开采和以矿石为原料的冶炼工业产生的固体废弃物，超过工业固体废弃物产生量的80%以上。产生量最大的几种工业固体废弃物是：尾矿、煤矸石、粉煤灰、炉渣、冶炼废渣。

在所产生的工业固体废弃物中，占产生量40%多的工业固体废弃物得到综合利用，占产生量35%左右的工业固体废弃物被贮存，占产生量15%左右的工业固体废弃物被处理，排放进入环境的废物量为占产生量的9%　10%。尽管近年来加强了对工业固体废物的管理，特别是废物的再生利用得到了较大的发展，但仍有40%左右的废物没有得到妥善的处理，只是在企业内部临时贮存。有些大型企业虽然建起了填埋场，但由于没有采取严格的防渗措施和缺乏科学的管理，仍存在污染地下水的情况。此外，每年还有几千万吨的工业固体废物非法排入环境，其中约有1/3直接排入天然水体，成为地表水和地下水的重要污染源之一。由此造成的环境纠纷也时有发生。

（二）城市垃圾污染现状

随着城市人口的增加、城市规模的扩大和居民生活水平的提高，我国的城市垃圾产生量也急剧增加，近20年来，城市生活垃圾对市容景观的破坏和对生态环境的污染已相当严重。全国城市生活垃圾年产量约1.5亿t，并以每年近10%的速度递增。中国约有2/3的城市陷入垃圾围城的困境。由于历史欠账多，各城市普遍缺乏符合标准的处置设施，年复一年地将生活垃圾裸露堆放在郊区。对大气和地下水都造成了严重的污染。

城市垃圾不仅造成公害，更是资源的巨大浪费。每年产生的1.5亿t的城市垃圾中，被丢弃的"可再生资源"价值高达250亿元。当前存在大量未经分类就填埋或焚烧的垃圾，这既是对资源的巨大浪费，又会产生二次污染。

（三）农业固体废弃物污染现状

随着农村经济快速增长，农村消费品种类和数量明显增加，广大农村的环境污染和生态破坏问题已经成为保持农村经济可持续发展的一大障碍。

乡镇企业排放的固体废弃物和农村生活垃圾得不到妥善的处理处置，乡镇企业排放的污染物占整个工业污染的比重已由20世纪80年代的11%增加到现在的45%，主要污染物排放量已经接近或超过工业企业的一半以上。田头、路旁、水边，许多天然河道、溪流成了天然垃圾桶。我国是农业大国，农作物秸秆的年产生量约6亿t，每年秸秆利用数量相当有限。秸秆还田腐烂速度和秸秆还田机械问题尚待解决，秸秆造纸引起的污染难题也需根治，秸秆不完全燃烧产生的二噁英、一氧化碳、二氧化碳等有毒有害气体，严重污染了农村大气环境。

农业农村部组织的地膜残留污染调查结果表明，我国农膜年残留量高达35万t，残膜率达42%。地膜残留污染较重的地区，其残留量在$90\sim135kg/hm^2$，高者达270 kg/hm^2。

20世纪90年代以来，我国兴建了许多大中型集约化的禽畜养殖场，养殖业规模及产值均发生了巨大的变化，同时禽畜粪便的排放量也急剧增加。有关资料显示，2000年全国畜禽粪便年产生量已达到约17.3亿t，是工业废弃物的2.7倍。这种直接排放已造成地表水、饮用水的严重污染，同时也是大气与地下水的严重污染源。

（四）危险废物污染现状

我国工业危险废物的产生量逐年递增，近几年每年产生工业危险废物在1000万t左右。

据统计，在所产生的危险废物中，占产生量40%左右的危险废物得到了综合利用，占产生量40%左右的危险废物被贮存；占产生量15%左右的危险废物被处理，占产生量5%左右的危险废物被排放进入环境。

二、固体废弃物对环境的危害

1943—1953年，在美国纽约州尼加拉市的一段废弃腊芙运河的河床上，两家化学公司填埋处置了80余种化学废物约21000t。从1976年开始，当地居民家中的地下室发现了有害物质的浸出，同时还发现在当地居民中有癌症、呼吸道疾病、流产等多发现象。当地政府对约900户居民采取紧急避难措施，并对处置场地实施了污染修复工程，前后共耗资约1.4亿美元。作为国际上固体废物污染环境的典型案例，腊芙运河事件可以说是最著名的。

近几年，我国的"白色污染"日益严重，已引起社会普遍关注和强烈反响。"白色污染"指的是大量的废旧包装用塑料膜、塑料袋和一次性塑料餐具（统称塑料包装物）以及使用后的地膜。据有关部门调查，北京市生活垃圾日产量为1.2万t，其中塑料废弃物含量约为3%，每年总量约为14万t；上海市生活垃圾日产量为1.1万t，其中塑料废弃物含量约为7%，每年总量约为29万t。天津市生活垃圾日产量为0.58万t，其中塑料含量约为5%，每年总量约为10.6万t。它的潜在危害是进入自然环境后难以降解而带来的长期的深层次环境问题。"白色污染"是固体废物污染环境的最直观的范例。

固体废物堆积量大、成分复杂，性质也多种多样。特别是在废水、废气治理过程中所排出的固体废物，浓集了许多有害成分，因此，固体废物对环境的危害极大，污染也是多方面的。

（一）侵占土地，破坏地貌和植被

固体废物如不加利用处置，只能占地堆放。据估算平均每堆积1万t废渣和尾矿，占地670m2以上。这些城市垃圾、矿业尾矿、工业废渣等侵占了越来越多的土地，土地是宝贵的自然资源，我国虽然幅员辽阔，但耕地面积却十分紧缺，人均耕地面积只占世界人均耕地的1/3。固体废物的堆积侵占了大量土地，造成了极大的经济损失，从而直接影响了农业生产、妨碍了城市环境卫生，而且埋掉了大批绿色植物，大面积地破坏了地球表面的植被，这不仅破坏了自然环境的优美景观，更重要的是破坏了大自然的生态平衡。

（二）污染土壤

固体废弃物长期露天堆放，其中有害成分经过风化、雨淋、地表径流的侵蚀很容易渗入土壤中，不仅会使土壤中的微生物死亡，使之成为无腐解能力的死土，而且这些有害成分在土壤中过量积累，还会使土壤盐碱化、毒化。

由于工业固体废弃物中的有害物质释入土壤，积累量过大，导致土壤破坏、废毁、无法耕种的事例很多。如前联邦德国某冶金厂附近的土壤被污染后，在该土地上生长的植物体内含铅量为一般植物的80-260倍，含锌量为一般植物的26-80倍，含铜量为30～50倍。我国也有一些地区的稻田受到镉的污染，稻米含镉超标，无法食用。

如果直接用垃圾、粪便或来自医院、肉联厂、生物制品厂的废渣作为肥料施入农田，其中的病原菌、寄生虫等就会使土壤污染，被病原菌污染后的土壤，可通过以下两条途径使人致病。

（1）人与污染后的土壤直接接触，或生吃该土壤上种植的蔬菜、瓜果致病。

（2）污染土壤中的病原体和其他有害物质，随天然降水径流和渗流进入水体，再传于人体。

另外，垃圾、粪便长期弃置郊外，作为堆肥使用，使土壤碱性增加，重金属富集。因过量施用废弃物使土质被破坏的土地每年有近7000hm²，从而影响了农业生产。

受到污染的土壤，由于一般不具有天然的自净能力，也很难通过稀释扩散的办法减轻其污染程度，所以不得不采取耗资巨大的办法解决。

（三）污染水体

固体废弃物一般通过下列几种途径进入水体，使水体污染。

（1）废弃物随天然降水流入江、河、湖、海，污染地表水。堆积的固体废物可随天然降水和地表径流流入河流湖泊，或将固体废物直接向临近江、河、湖、海等水域排放，均会造成地表水受到严重污染。不仅破坏了天然水体的生态平衡，妨碍了水生生物的生存和水资源的利用，而且使水域面积减少，严重时还会阻塞航道。据统计，全国水域面积与新中国成立初期相比，已减少1330万㎡。

（2）废弃物中的有害物质随水渗入土壤，进入地下水，使地下水污染。

（3）较小的颗粒、粉尘随风散扬，落入地面水，使其污染。

（4）将固体废弃物直接排入江、河、湖、海，使之造成更大的污染。由于许多企业的堆渣无地可征，我国有不少场所直接把废渣排入水体，每年4000多万t，仅电厂每年向长江、黄河等水系排放粉煤灰500万t。有的企业在排污口外形成的灰滩已延伸到航道中央，长江上游的一些沿江企业排出的灰渣在河道中大量淤积，将对中游的大型水利工程造成潜在的危害。

（四）污染大气

固体废物中所含的粉尘及其他颗粒物在堆放时会随风飞扬，在运输过程中也会产生有害气体和粉尘，这些粉尘或颗粒物不少都含有对人体有害的成分，有的还是病原微生物的载体，对人体健康造成危害。有些固体废物在堆放或处理过程中还会向大气散发出有害气体和臭味，危害则更大。例如，煤矸石的自燃在我国时有发生，散发出煤烟和大量的二氧化硫、二氧化碳、氨等气体，造成严重的大气污染。焚烧塑料垃圾会释放出多种有毒气体，其中一种称为二噁英（Dioxin）的化合物对人类和动物的毒性极大。

二噁英是一类化合物的简称，包括210种化合物，这类物质非常稳定，熔点较高，极难溶于水，可以溶于大部分有机溶剂，是无色无味的脂溶性物质，所以非常容易在生物体内积累。自然界的微生物和水解作用对二噁英的分子结构影响较小，因此，环境中的二噁英很难自然降解消除。它的毒性十分大，是氰化物的130倍、砒霜的900倍，有"世纪之毒"之称。国际癌症研究中心已将其列为人类一级致癌物。环保专家称，二噁英常以微小的颗粒存在于大气、土壤和水中，主要的污染源是化工冶金工业、垃圾焚烧、造纸以及生产杀虫剂等产业。日常生活所用的胶袋，PVC（聚氯乙烯）软胶等物都含有氯，燃烧这些物品时便会释放出二噁英，悬浮于空气中。

（五）造成巨大的直接经济损失和资源能源的浪费

我国的资源能源利用率很低，大量的资源、能源会随固体废物的排放流失。矿物资源一般只能利用50%左右，能源利用只有30%o同时，废物排放和处置也要增加许多额外的经济负担。目前我国每输送和堆存It废物，平均能耗都在10元左右，这就造成了巨大的经济损失。此外，某些有害固体废物的排放除了上述危害之外，还可能造成燃烧、爆炸、中毒、严重腐蚀等意外事故和特殊损害0

（六）影响环境卫生

固体废物在城市里大量堆放而又处理不妥，不仅妨碍市容，而且有害城市卫生。城市堆放的生活垃圾，非常容易发酵腐化，产生恶臭，招致蚊蝇滋生、老鼠繁衍等，容易引起疾病传染；在城市下水道的污泥中，还含有几百种病菌和病毒。长期堆放的工业固体废物有毒物质潜伏期较长，会造成长期威胁。

第三节　固体废弃物的预处理

一、压缩

（一）压缩的概念和目的

通过外力加压于松散的固体废物，以缩小其体积，使固体废物变得密实的操作简称为压实，又称为压缩，压缩的目的有两个：一方面可增大容重、减少固体废物体积以便于装卸和运输，确保运输安全与卫生，降低运输成本；另一方面可制取高密度惰性块料，便于储存、填埋或作为建筑材料使用。

（二）压缩的原理及主要设备

1. 压缩原理

大多数固体废物是由不同颗粒与颗粒间的空隙组成的集合体。自然堆放时，表观体积是废物颗粒有效体积与孔隙占有的体积之和，即

Vm=Vs+Vv

其中，Vm为固体废物的表观体积；Vs为固体颗粒体积（包括水分）；Vv为孔隙体积。

进行压实操作时，随压强的增加，孔隙体积下降，表观体积也随之下降，而容重增加。压实的实质可看作是消耗一定的压力能，提高废物容重的过程。当固体废弃物受到外界压力时，各颗粒间相互挤压，变形或破碎，从而达到重新组合的效果。

适于压实处理的主要是压缩性能大而复原性小的物质，木材、金属、玻璃、塑料块等本身已经很密实的固体或焦油、污泥等半固体废物不宜做压实处理。

2. 压缩设备

压缩设备可分为固定式和移动式两种。

固定式压实器：凡用人工或机械方法（液压方式为主）把废物送进压实机械中进行压实的设备称为固定式压实器。如各种家用小型压实器、废物收集车上配备的压实器及中转站配置的专用压实机。

移动式压实器：是指在填埋现场使用的轮胎式或履带式压土机、钢轮式布料压实机以及其他专门设计的压实机具。

二、破碎

（一）破碎的概念和目的

在外力作用下破坏固体废物质点间的内聚力使大块的固体废物分裂为小块的过程，称为垃圾破碎。破碎的目的是：减小固体废物的颗粒尺寸；降低空隙率、增大废物容重，有利于后续处理与资源化利用。

（二）破碎的方法及主要设备

1. 破碎方法

（1）干式破碎

干式破碎分为机械能破碎和非机械破碎。机械能破碎就是利用破碎工具对固体废物施力而将其破碎的方法。破碎作用分为挤压、劈碎、剪切、磨剥、冲击破碎等。而非机械破碎就是利用电能、热能等对固体废物进行破碎的新方法，如低温、热力、减

压及超声波破碎等。

（2）湿式破碎

利用特制的破碎机将投入机内的含纸垃圾和大量水流一起剧烈搅拌和破碎成为浆液的过程。

（3）半湿式破碎

破碎和分选同时进行。利用不同物质在一定均匀湿度下其强度、脆性（耐冲击性、耐压缩性、耐剪切力）不同而破碎成不同粒度。

2.破碎设备

处理固体废物的破碎机通常有颚式、锤式、剪切式、冲击式、辐式破碎机和粉磨机。

（1）颚式破碎机

颚式破碎机属于挤压形破碎机械，适于坚硬和中硬废物。主要部件有固定鄂板、可动鄂板、连动于传动轴的偏心转动轮，两块鄂板构成破碎腔。根据可动鄂板分为简单摆动和复杂摆动颚式破碎机。

（2）锤式破碎机

锤式破碎机主体破碎部件包括多排重锤和破碎板。电动机带动主轴、圆盘、销轴及锤头（合成转子）高速旋转。按转子数目可分为两类：单转子锤式破碎机（可逆式和不可逆式）和双转子锤式破碎机。

三、分选

（一）分选的概念和目的

分选就是为了实现垃圾处理的"资源化、减量化和无害化"，可将城市生活垃圾分选为无机物类、砂土类、有机物类、不可回收可燃物类、薄膜塑料类和铁磁物类等，通过分选，实现垃圾的资源化、处理的合理化，降低运转成本、提高经济效益等。

（二）分选的方法及主要设备

1.筛分

筛分就是依据固体废物的粒径不同，利用筛子将物料中小于筛孔的细粒物料透过筛面，而大于筛孔的粗粒物料留在筛面上，完成粗细物料的分离过程。

2.风力分选

风力分选的基本原理是气流将较轻的物料向上带走或水平方向带向较远的地方，而重物料则由于上升气流不能支持它们而沉降，或由于惯性在水平方向抛出较近的距离。风力分选过程是以各种固体颗粒在空气中的沉降规律为基础的。风力分选主要是回收纸张、塑料等可回收利用成分。

3.磁选

磁选技术主要应用于对矿产资源的分类。磁选的工作原理是待选的物料给入磁选机的分选空间后，磁性材料（如铁质材料）在磁场作用下被磁化，受到磁场吸引力作用吸在圆筒上，被带到排矿端；非磁性材料受到的磁场作用力很小，不容易吸到圆筒上。

4. 弹跳分选

弹跳分选机是针对经过粗破碎后垃圾中的无机颗粒分选而设计的带有分离功能的输送设备，是利用破碎后垃圾物料特性，输送皮带设计弹跳功能在一面输送物料的同时把无机颗粒或其他硬性颗粒物弹跳分离出来，被分离出的颗粒物与输送物料成反方向运动从而实现分选的目的。弹跳分选主要是选出电池、陶瓷、砖石等成分。

第四节 固体废物的脱水

凡含水率超过90%的固体废物（包括污水处理厂的剩余污泥），必须先脱水减容，以便于包装、运输与资源化利用。常用的方法介绍如下。

第一，浓缩脱水：主要脱出间隙水。

第二，机械过滤脱水：主要脱出毛细结合水和表面吸附水。

第三，泥浆自然干化脱水：利用自然蒸发和底部滤料、土壤进行过滤脱水。

一、浓缩脱水

（一）重力浓缩

1. 原理

重力浓缩就是依据固体颗粒与溶液间存在的密度差，借重力作用脱水，脱水后含水量一般为50%。

2. 设备

（1）间隙式浓缩池

间断浓缩，上清液虹吸排出，仅用于小型处理厂的污泥脱水。

（2）连续式浓缩池

结构类似于辐射式沉淀池。一般直径为5～20 m的圆形或矩形钢筋混凝土构筑物。可分为有刮泥机与污泥搅动装置的浓缩池，不带刮泥机的浓缩池，以及多层浓缩池3种。

（二）气浮浓缩

气浮浓缩就是依靠大量小气泡附着在污泥颗粒上，形成污泥颗粒—气泡结合体，进而产生浮力把颗粒带到水表面，用刮泥机刮出的过程。浓缩速度快，处理时间一般为重力浓缩的1/3左右；占地较少；生成的污泥较干燥，表面刮泥较方便。但基建和操作费用较高，管理较复杂。费用较重力浓缩高2～3倍。所涉及的设备有气浮池。

（三）离心浓缩

离心浓缩就是利用污泥中的固体颗粒与水的密度及惯性的差异，在高速旋转的离心机中，固体颗粒和水分别受到大小不同的离心力而被分离的过程。该法占地面积小、造价低，但运行与机械维修费用较高。所涉及设备有倒锥分离板型和螺旋卸料离心机。

二、机械过滤脱水

机械过滤脱水是利用具有许多毛细孔的物质作为过滤介质，以过滤介质两侧产生压差作为过滤的推动力，使固体废物中的溶液强制通过过滤介质成为滤液，固体颗粒被截留成为滤饼的固液分离操作，应用最广。

（一）过滤介质

1. 织物介质

又称滤布，包括棉、毛、丝、合成纤维等织物，以及由玻璃丝、金属丝制成的网状物。

2. 粒状介质

细砂、木炭、硅藻土等细小坚硬的颗粒状物质，多用于深层过滤。

3. 多孔固体介质

有很多微细孔道的固体材料，如多孔陶瓷、多孔塑料及多孔金属制成的管或板。耐腐蚀，且孔道细微。

（二）过滤设备

1. 真空抽滤脱水机

在负压下操作的脱水过程，常用的真空过滤机为转鼓式，由空心转筒、分配头、污泥储槽、真空系统和压缩空气系统组成，应用最为广泛。

2. 压滤机

（1）板框压滤机

板与框相间排列而成，在滤板两侧覆有滤布，用压紧装置把板与框压紧，在板与框之间构成压滤室。在板与框的上端中间相同部位开有小孔，压紧后成为一条通道，加压到 0.2～0.4 MPa 的污泥，由该通道进入压滤室，滤板的表面刻有沟槽，下端钻有供滤液排除的孔道，滤液在压力下通过滤布沿沟槽与孔道排出压滤机，从而使污泥脱水。

（2）滚压带式脱水机

滚压轴处于上下垂直的相对位置，压榨时间几乎是瞬时的，接触时间短，但压力大，污泥所受压力等于滚压轴施加压力的 2 倍。

三、泥浆自然干化脱水

污泥干化场通过渗滤或蒸发等作用，从污泥中去除大部分含水量的过程。污泥干化场占地面积较大，常常是 20～40 cm 的浅池，类似于一个设有围堰的广场，作用是将从浓缩池排出的污泥晾晒，进一步脱水，甚至晒成干泥饼。

干化场四周建有土或板体围堤，中间用土堤或隔板隔成等面积的若干区段（一般不少于 3 块）。为了便于起运脱水污泥，一般每区段宽度不大于 10 m，长为 6～30 m。渗滤水经排水管汇集排出。运行时，一次集中放满一块区段面积，放泥厚度约为 30～50 cm。在良好的条件下，周期约为 10～15 d，脱水污泥含水率可降到 60%。

第五节　固体废弃物处理及处置

一、卫生填埋

卫生填埋又称卫生土地填埋，是土地填埋处理的一种。土地填埋是从传统的堆放和填地处理发展起来的一项城市生活垃圾最终处理技术。同其他环境技术一样，它是一个涉及多种学科领域的处理技术。

（一）卫生填埋的定义

卫生填埋是利用工程手段，采取有效技术措施，防止渗滤液及有害气体对水体和大气的污染，并将垃圾压实减容至最小，填埋占地面积也最小。

卫生填埋通常是每天把运到填埋场的垃圾在限定的区域内铺散成 40～75 cm 的薄层，然后压实以减少垃圾的体积，并在每天操作之后用一层厚 15～30 cm 的黏土或粉煤灰覆盖、压实。垃圾层和土壤覆盖层共同构成一个单元，即填埋单元。具有同样高度的一系列相互衔接的填埋单元构成一个填埋层。完成的卫生填埋场是由一个或多个填埋层组成的。当土地填埋达到最终的设计高度之后，再在该填埋层之上覆盖一层 90～120 cm 的土壤，压实后就得到一个完整的封场了的卫生填埋场。

（二）卫生填埋场的分类

依其填埋区所利用自然地形条件的不同，填埋场可大致分为以下 3 种类型：山谷型填埋场、坑洼型填埋场和滩涂型填埋场。

山谷型填埋场通常地处重丘山地。垃圾填埋区一般为三面环山、一面开口、地势较为开阔的良好的山谷地形，山谷比降大约在 10% 以下。此类填埋场填埋区库容量大，单位用地处理垃圾量最多，通常可达 25 m^3/m^2 以上，经济效益、环境效益较好，资源化建设明显，符合国家卫生填埋场建设的总目标要求。山谷型填埋场的填埋区工程设施由垃圾坝、库区防渗系统、渗滤液收集系统、防排洪系统、覆土备料场、活动房和分层作业道路支线等组成。垃圾填埋采用斜坡作业法，由低往高按单元进行垃圾填埋、分层压实、单元覆土、中间覆土和终场覆土。

坑洼型填埋场一般地处低丘洼地，利用自然或人工坑洼地形改造成垃圾填埋区。填埋区工程设施由引流、防导渗、导气等系统组成。垃圾填埋通常采用坑填作业法，按单元进行垃圾填埋，分层压实、单元覆土、终场覆土。此类填埋场库容量不太大，单位用地处理垃圾量居中，场地排水、导渗不易解决，较多用于降雨量较少的地区。

滩涂型填埋场地处海边或江边滩涂地形，采用围堤筑路，排水清基，将滩涂废地辟建为填埋场填埋区。填埋区工程设施由排水、防渗、导气、覆土场等组成。垃圾填埋通常采用平面作业法，按单元填埋垃圾，分层夯实、单元覆土、终场覆土。此类填埋场填埋区库容量较大，土地复垦效果明显，经济效益、环境效益较好。

（三）卫生填埋场生物降解产物

生活垃圾在倾倒入填埋场后，主要是在微生物作用下，进行有机垃圾的生物降解，并释放出填埋气体和大量含有机物的渗滤液。微生物对垃圾的降解作用由微生物对水中污染物的降解和微生物对固体物质的降解两部分组成，两种降解同时进行。

微生物对垃圾的降解自填埋后依次经历好氧分解阶段、兼氧分解阶段和完全厌氧分解阶段。

第一阶段：开始的几个星期为好氧分解或产酸阶段。酸性条件为后续厌氧分解创造了条件。此阶段所产生的渗滤液有机物质浓度高，BOD5/COD＞0.4，pH＜6.5。

第二阶段：好氧分解后的 $11\sim14$ d 为兼氧分解阶段。随着兼氧分解的进行，pH 和填埋气体产量都开始上升，此时也产生高浓度有机渗滤液，BOD5/COD＞0.4。

第三阶段：持续一年左右的不稳定产气阶段。此时 pH 上升到最大，渗滤液的污染物浓度逐渐下降，BOD5/COD＜0.4，填埋气体产量和产气中甲烷浓度逐步升高。

第四阶段：7 年左右的厌氧分解半衰期或稳定阶段。此时，可降解的有机物质逐渐减少，pH 保持不变，渗滤液的有机物浓度下降，BOD5/COD＜0.1，填埋气体产量下降，填埋气体中甲烷浓度也逐渐下降。

填埋垃圾的分解作用受多种因素的影响，例如垃圾的组成，压实的紧密度，含有的水分量，抑制物的存在，水的迁移速度和温度等都可影响垃圾的分解。有机垃圾厌氧分解的最终产物主要是稳定的有机物、挥发性有机酸和不同种类的气体。

1. 填埋气体（LFG）的产生

生活垃圾填埋几周后，填埋场内部的氧气消耗殆尽，为厌氧发酵提供了厌氧条件，于是生活垃圾中的有机可降解垃圾便开始了厌氧发酵过程，这一过程可简单地归纳为两个基本阶段。

这些微生物的实际生化过程是极为复杂的。第一步是产酸阶段。倾倒的垃圾中的复杂有机物被产酸菌降解成简单的有机物，典型的有醋酸（CH_3COOH）、丙酸（C_2H_5COOH）、丙酮酸（$CH_3COCOOH$）或其他简单的有机酸及乙醇。这些细菌从这些化学反应获取自身生长所需的能量，其中，部分有机垃圾转化成细菌的细胞及细胞外物质。厌氧分解的第二步是产甲烷阶段，产甲烷菌利用厌氧分解第一阶段的产物产生 CH_4 和 CO_2。形成二氧化碳的氧来自有机基质或者可能来自无机离子如硫酸盐。甲烷菌喜欢中性 pH 条件，而不喜欢酸性条件。第一阶段产生的酸往往降低了环境的 pH，如果产酸过量，甲烷菌的活性就会受抑制。如果要求产气，那就可在填埋场中加入碱性或中性缓冲剂从而维持填埋场中液体的 pH 在 7 左右。在这个过程中，产甲烷菌的产生要求绝对厌氧，即使是少量的氧气对它来说也是有害的。

产气速率是单位质量垃圾在单位时间内的产气量。在整个填埋年限内，填埋场中产气量的大小主要取决于垃圾中所含有机可降解成分的量和质，而产气速率的大小主要与填埋时间有关，另外还受垃圾的大小和成分、垃圾量、垃圾的压实密度、填埋层空隙中的气体压力含水率、pH、温度等因素的影响。

随着填埋场内部厌氧过程的进行，垃圾的大小和成分都会改变。垃圾的体积减小，增加了比表面积，从而提高了厌氧生化反应的速度，使甲烷的产率增加；垃圾的填埋时间越长，可降解有机物质含量越低，相同条件下的产气速率也就越低；垃圾的含水量是影响产气速率的重要因素，一般情况下，含水量越高则产气速度越大；甲烷的形成对 pH 要求严格，当 pH 介于 $6.5 \sim 8.0$ 时，甲烷才能形成，甲烷发酵的最佳值是 $7.0 \sim 7.2$；填埋场的压实密度直接涉及空隙率的大小，从而进一步影响到填埋气体体的迁移规律，并对产气速率产生间接影响，垃圾填埋层内的气体压力与厌氧反应的速度有关，及时将填埋气体导出，减少生成物浓度及压力，有利于反应向正方向进行，从而提高了产气速率。

2. 渗滤液的产生

填埋场的一个主要问题是渗滤液的污染控制。垃圾填埋场在填埋开始以后，由于地表水和地下水的入流，雨水的渗入以及垃圾本身的分解而产生了大量的污水，这部分污水称为渗滤液。垃圾渗滤液中污染物含量高，且成分复杂，其污染物主要产生于以下 3 个方面。①垃圾本身含有水分及通过垃圾的雨水溶解了大量的可溶性有机物和无机物。②垃圾由于生物、化学、物理作用产生的可溶性生成物。③覆土和周围土壤中进入渗滤液的可溶性物质。

垃圾渗滤液的性质随着填埋场的使用年限不同而发生变化，这是由于填埋场的垃圾在稳定化过程中不同阶段的特点而决定的，大体上可以分为以下 5 个阶段。

（1）最初的调节

水分在固体垃圾中积累，为微生物的生存、活动提供条件。

（3）转化

垃圾中水分超过其持水能力，开始渗滤，同时由于大量微生物的活动，系统从有氧状态转化为无氧状态。

（3）酸性发酵阶段

此阶段碳氢化合物分解成有机酸，有机酸分解成低级脂肪酸，低级脂肪酸占主要地位，pH 随之下降。

（4）填埋气体产生

在酸化段中，由于产氨细菌和活动，使氨态氮浓度增高，氧化还原电位降低，pH 上升，为产甲烷菌的活动适宜的条件，专性产甲烷菌将酸化段代谢产物分解成以甲烷和二氧化碳为主的填埋气体。

（5）稳定化

垃圾及渗滤液中有机物得到稳定，氧化还原电位上升，系统缓慢转为有氧状态。研究表明，渗滤液污染物浓度随填埋场使用年限的增长而呈下降趋势。渗滤液的产量受多种因素的影响，如降雨量、蒸发量、地面流失、地下水渗入、垃圾的特性和地下层结构、表层覆土和下层排水设施设置情况等，其中降水量和蒸发量是影响渗滤液产量的重要因素。水质则随垃圾组分、当地气候、水文地质、填埋时间和填埋方式等因素的影响而显著变化。由于影响因素多，造成不同填埋场、不同填埋时期的渗滤液水质和水量的变化幅度很大。

3. 生活垃圾沉降

在垃圾填埋处理过程中，垃圾堆体的滑坡是一个值得重视的问题。因此，已完工的填埋场，在决定使用它们之前，必须研究其沉降特性。影响填埋场地沉降性能的因素有：①最初的压实程度；②垃圾的性质和降解情况；③压实的垃圾产生渗滤液和填埋气体体后发生的固结作用；④作业终了的填埋高度对垃圾堆积和固结度的影响。

填埋场的均匀沉降问题不大，主要是不均匀沉降将产生一系列问题。例如，由于不均匀沉降造成的覆盖层断裂就可能在废物相变边界、填埋单元边缘和填埋场边界处出现。填埋场的总沉降量取决于废物种类、载荷和填埋技术因素，通常是废物填埋高度的 10%～20%。还有研究表明，在填埋后的前 5 年发生的沉降大约要占总沉降量的 90%。关于已完工的填埋场地集中荷载的分布，目前尚无这方面的可供参考的资料。如果需要进行有关工作，考虑到各地情况的差别很大，建议分别进行现场的荷载试验。

二、焚烧

（一）焚烧的定义和目的

焚烧法是一种高温热处理技术，即以一定的过剩空气量与被处理的有机废物在焚烧炉内进行氧化燃烧反应，废物中的有害有毒物质在 800～1200℃ 的高温下氧化、热解而被破坏，是一种可同时实现废物无害化、减量化、资源化的处理技术。

焚烧的目的是尽可能焚毁废物，使被焚烧的物质变为无害和最大限度地减容，并尽可能减少新的污染物质产生，避免造成二次污染。对于大、中型的废物焚烧厂，能同时实现使废物减量、彻底焚毁废物中的毒性物质，以及回收利用焚烧产生的废热这 3 个目的。目前在工业发达国家已被作为城市垃圾处理的主要方法之一，得到广泛应用。垃圾焚烧、回收能源，被认为是今后处理城市垃圾的重要发展方向。我国也正在加快开发研究的速度，以推进城市垃圾的综合利用。

焚烧法不但可以处理固体废物，还可以处理液体废物和气体废物；不但可以处理城市垃圾和一般工业废物，而且可以用于处理危险废物。危险废物中的有机固态、液态和气态废物，常常采用焚烧来处理。在焚烧处理城市生活垃圾时，也常常将垃圾焚烧处理前暂时储存过程中产生的渗滤液和臭气引入焚烧炉焚烧处理。

焚烧法适宜处理有机成分多、热值高的废物。当处理可燃有机物组分很少的废物时，需补加大量的燃料，这会使运行费用增高。但如果有条件辅以适当的废热回收装置，则可弥补上述缺点，降低废物焚烧成本，从而使焚烧法获得较好的经济效益。

（二）焚烧设备及特点

1. 炉排炉

炉排炉是一种垃圾焚烧设备，炉排型焚烧炉形式多样，其应用占全世界垃圾焚烧市场总量的80%以上。该类炉型的最大优势在于技术成熟，运行稳定、可靠，适应性广，绝大部分固体垃圾不需要任何预处理可直接进炉燃烧。尤其应用于大规模垃圾集中处理，可使垃圾焚烧发电（或供热），但是不适用于处理含水量高的污泥。

2. 流化床焚烧炉

流化床焚烧炉为钢壳立式圆筒炉，内衬耐火砖和隔热砖，炉子底部设有带孔的气流分布板，分布板上铺着一定厚度的载体颗粒层（一般为硅砂）。板下面通入高压热空气吹起板上的载体，使悬浮在炉膛里呈沸腾状态。此时用螺旋加料器，将废渣投入，与沸腾的载体混合进行燃烧。烧尽的细灰随烟气排出，经除尘器捕集后排空。部分比载体重的炉渣落在分布板上，设法排除。当炉渣重量与载体相等的，也可作为载体用。

该炉焚烧温度一般为750～870℃，此温度由辅助烧嘴和空气预热温度调节控制，预热空气由炉外另设热风炉来供给，预热空气温度由废物含水量和废物本身的发热值而定。如某种污泥含水为60%，需将空气预热到300可达到自行焚烧；若含水为55%，则空气预热温度只需200℃即可。

3. 回转炉

回转炉炉体为一长的钢质圆筒，内衬以耐火材料，炉体支承在数对托轮上，并具有3%～6%的倾斜度。炉体通过齿轮由电动机带动缓慢旋转。物料由较高的尾端加入，由较低的炉头端卸出。炉头端喷入燃料（煤粉、重油或气体燃料），在炉内燃烧，烟气由较高一端排出（物料与烟气逆流）。

（三）二次污染控制

1. 主要污染物

烟尘（颗粒物）、酸性气体（氯化氢、二氧化硫）、氮氧化物、重金属和二噁英等。

2. 具体措施

①采用石灰石-石膏法烟气脱硫。②采用高效袋式除尘器实现烟气除尘。③重金属去除、二噁英去除主要通过控制炉膛内的温度为800℃以上，并保证充足的停留时间。④氮氧化物控制，主要应用低氮燃烧技术减少氮氧化物的形成量，采用 SNCR 或 SCR 等方法实现氮氧化物的末端治理。

三、堆肥

(一) 堆肥化定义

堆肥化就是在控制条件下，利用自然界广泛分布的细菌、放线菌、真菌等微生物，促进来源于生物的有机废物发生生物稳定作用，使可被生物降解的有机物转化为稳定的腐殖质的生物化学过程。堆肥化的产物称为堆肥，它是一种深褐色、质地疏松、有泥土气味的物质，类似于腐殖质土壤，故也称为"腐殖土"，是一种具有一定肥效的土壤改良剂和调节剂。

(二) 堆肥原理

根据堆肥化过程中微生物对氧气不同的需求情况，可以把堆肥化方法分成好氧堆肥和厌氧堆肥两种。好氧堆肥是在通气条件好、氧气充足的条件下借助好氧微生物的生命活动降解有机物，通常好氧堆肥堆温高，一般为 $55\sim60℃$，极限可达 $80\sim90℃$，所以好氧堆肥也称为高温堆肥；厌氧堆肥则是在通气条件差、氧气不足的条件下借助厌氧微生物发酵堆肥。

1. 好氧堆肥原理

有机废物好氧堆肥化过程实际上就是基质的微生物发酵过程，可用下式表示：

[C、H、O、N、S、P] $+O_2 \rightarrow CO_2 + NO_3^- + SO_4^{2-} +$ 简单有机物+更多的微生物+热量

好氧堆肥过程中，有机废物中的可溶性小分子有机物质透过微生物的细胞壁和细胞膜而为微生物吸收利用。不溶性大分子有机物则先附着在微生物的体外，由微生物所分泌的胞外酶分解为可溶性小分子物质，再输送入细胞内为微生物利用。通过微生物的生命活动——合成及分解过程，把一部分被吸收的有机物氧化成简单的无机物，并提供生命活动所需要的能量，把另一部分有机物转化合成新的细胞物质，使微生物增殖。好氧堆肥过程可大致分成以下 3 个阶段。

(1) 中温阶段

这是指堆肥化过程的初期，堆层基本呈 $15\sim45℃$ 的中温，嗜温性微生物较为活跃并利用堆肥中可溶性有机物进行旺盛的生命活动。这些嗜温性微生物包括真菌、细菌和放线菌，主要以糖类和淀粉类为基质。真菌菌丝体能够延伸到堆肥原料的所有部分，并会出现中温真菌的子实体。同时螨、千足虫等将摄取有机废物。腐烂植物的纤维素将维持线虫和线蚁的生长，而更高一级的消费者中弹尾目昆虫以真菌为食，缨甲科昆虫以真菌孢子为食，线虫摄食细菌，原生动物以细菌为食。

（2）高温阶段

当堆温升至45℃以上时即进入高温阶段，在这一阶段，嗜温微生物受到抑制甚至死亡，取而代之的是嗜热微生物。堆肥中残留的和新形成的可溶性有机物质继续被氧化分解，堆肥中复杂的有机物如半纤维素、纤维素和蛋白质也开始被强烈分解，在高温阶段中，各种嗜热性的微生物的最适宜的温度也是不相同的，在温度的上升过程中，嗜热微生物的类群和种群是互相接替的。通常在50℃左右最活跃的是嗜热性真菌和放线菌；当温度上升到60℃时，真菌则几乎完全停止活动，仅为嗜热性放线菌和细菌的活动；温度升到70℃以上时，对大多数嗜热性微生物已不再适应，从而大批进入死亡和休眠状态。现代化堆肥生产的最佳温度一般为55℃，这是因为大多数微生物在45～80℃范围内最活跃，最易分解有机物，其中的病原菌和寄生虫大多数可被杀死（表4-1）。

表4-1 几种常见病菌与寄生虫的死亡温度

名称	死亡情况
沙门氏伤寒菌	46℃以上不生长；55～60℃，30 min内死亡
沙门氏菌属	56℃ h内死亡；60℃，15～20 min死亡
志贺氏杆菌	55℃，1 h内死亡
大肠杆菌	60℃，15～20 min内死亡
阿米巴属	68℃，2天死亡
无钩绦虫	71℃，5 min内死亡

（3）降温阶段

在内源呼吸后期，剩下部分较难分解的有机物理和新形成的腐殖质。此时微生物的活性下降，发热量减少，温度下降，嗜温性微生物又占优势，对残余较难分解的有机物做进一步分解，腐殖质不断增多且稳定化，堆肥进入腐熟阶段，需氧量大大减少，含水率也降低。

2. 厌氧堆肥原理

厌氧堆肥是在缺氧条件下利用厌氧微生物进行的一种腐败发酵分解，其终产物除CO_2和水外，还有氨、硫化氢、甲烷和其他有机酸等还原性终产物，其中氨、硫化氢及其他还原性终产物有令人讨厌的异臭，而且厌氧堆肥需要的时间也很长，完全腐熟往往需要几个月的时间。传统的农家堆肥就是厌氧堆肥。

厌氧堆肥过程主要分成以下两个阶段。

第一阶段是产酸阶段，产酸菌将大分子有机物降解为小分子的有机酸和乙醇、丙醇等物质，并提供部分能量因子ATP。

第二阶段为产甲烷阶段。甲烷菌把有机酸继续分解为甲烷气体。

厌氧过程没有氧分子参加，酸化过程中产生的能量较少，许多能量保留在有机酸分子中，在甲烷菌作用下以甲烷气体的形式释放出来，厌氧堆肥的特点是反应步骤多，速度慢，周期长。

（三）堆肥工艺的分类

1. 按微生物对氧的需求

（1）好氧堆肥

好氧堆肥是依靠专性和兼性好氧细菌的作用使有机物得以降解的生化过程。好氧堆肥具有对有机物分解速度快、降解彻底、堆肥周期短的特点。一般一次发酵在4～12 d，二次发酵在10～30 d便可完成。由于好氧堆肥温度高，可以灭活病原体、虫卵和垃圾中的植物种子，使堆肥达到无害化。此外，好氧堆肥的环境条件好，不会产生难闻的臭气。

目前采用的堆肥工艺一般均为好氧堆肥。但由于好氧堆肥必须维持一定的氧浓度，因此运转费用较高。

（2）厌氧堆肥。

厌氧堆肥是依赖专性和兼性厌氧细菌的作用降解有机物的过程。厌氧堆肥的特点是工艺简单。通过堆肥自然发酵分解有机物，不必由外界提供能量，因而运转费用低。若对于所产生的甲烷处理得当，还有加以利用的可能。但是，厌氧堆肥具有周期长（一般需3～6个月）、易产生恶臭、占地面积大等缺点，因此不适合大面积推广应用。

2. 按要求的温度范围

（1）中温堆肥

一般系指中温好氧堆肥，所需温度为15～45℃。由于温度不高，不能有效地杀灭病原菌，因此目前中温堆肥较少采用。

（2）高温堆肥

好氧堆肥所产生的高温一般在50～65℃，极限可达80～90℃，能有效地杀灭病菌，且温度越高，令人讨厌的臭气产生就会减少，因此高温堆肥已为各国公认，采用较多。高温堆肥最适宜的温度为55～60℃。

3. 按堆肥过程中物料运动形式

（1）静态堆肥

静态堆肥是把收集的新鲜有机废物一批一批地堆制。堆肥物一旦堆积以后，不再添加新的有机废物和翻倒，待其在微生物生化反应完成之后，成为腐殖土后运出。静态堆肥适合于中、小城市厨余垃圾、下水污泥的处理。

（2）动态（连续或间歇式）堆肥

动态堆肥采用连续或间歇进、出料的动态机械堆肥装置，具有堆肥周期短（3～7 d），物料混合均匀，供氧均匀充足，机械化程度高，便于大规模机械化连续操作运行等特点。因此，动态堆肥适用于大中城市固体有机废物的处理。但是，动态堆肥要求高度机械化，并需要复杂的设计、施工技术和高度熟练的操作人员。并且，动态堆肥一次性投资和运转成本较高。目前，动态堆肥工艺在发达国家已得到普遍的应用。

4. 按堆肥堆制方式

（1）露天式堆肥

露天式堆肥即露天堆积，物料在开放的场地上堆成条垛或条堆进行发酵。通过自然通风、翻堆或强制通风方式，以供给有机物降解所需的氧气。这种堆肥所需设备简单，成本投资较低。其缺点是发酵周期长，占地面积大，受气候的影响大，有恶臭，易招致蚊蝇、老鼠的三生。这种堆肥仅宜在农村或偏远的郊区应用，而城市是不合适的。

（2）装置式堆肥

装置式堆肥也称为封闭式堆肥或密闭型堆肥，是将堆肥物密闭在堆肥发酵设备中，如发酵塔、发酵筒、发酵仓等，通过风机强制通风，提供氧源，或不通风厌氧堆肥。装置式堆肥的机械化程度高，堆肥时间短，占地面积小，环境条件好，堆肥质量可控可调等。因此，适用于大规模工业化生产。

5. 按发酵历程

（1）一次发酵

好氧堆肥的中温与高温两个阶段的微生物代谢过程称为一次发酵或主发酵。它是指从发酵初期开始，经中温、高温然后到达温度开始下降的整个过程，一般需10~12 d，以高温阶段持续时间较长。

（2）二次发酵

经过一次发酵后，堆肥物料中的大部分易降解的有机物质已经被微生物降解了，但还有一部分易降解和大量难降解的有机物存在，需将其送到后发酵仓进行二次发酵，也称后发酵，使其腐熟。在此阶段温度持续下降，当温度稳定在40℃左右时即达到腐熟，一般需20~30 d。

四、热解

（一）热解的定义及原理

热解法是利用垃圾中有机物的热不稳定性，在无氧或缺氧条件下对之进行加热蒸，使有机物产生热裂解，经冷凝后形成各种新的气体、液体和固体，从中提取燃料油、油脂和燃料气的过程。

热解反应可以用通式表示如下：

城市生活垃圾→气体（H_2、CH_4、CO、CO_2）+有机液体（有机酸、芳烃、焦油）+固体（炭黑、炉渣）

一般认为，高温裂解（1 000℃以上）的产物主要是燃气；中温裂解（600~700℃以上）的产物是重油类物质；低温裂解（600℃以下）的产物是炭黑。

热解法和焚烧法是两个完全不同的过程。首先，焚烧的产物主要是二氧化碳和水，而热解的产物主要是可燃的低分子化合物：气态的有氢气、甲烷、一氧化碳；液态的有甲醇、丙酮、醋酸、乙醛等有机物及焦油、溶剂油等；固态的主要是焦炭或炭黑。其次，焚烧是一个放热过程，而热解需要吸收大量热量。另外，焚烧产生的热能量大的可用于发电，量小的只可供加热水或产生蒸汽，适于就近利用，而热解的产物是燃料油及燃料气，便于储藏和远距离输送。

（二）热解工艺

1. 按供热方式的分类

（1）直接加热法

供给被热解物的热量是被热解物（所处理的废物）部分直接燃烧或者向热解反应器提供补充燃料时所产生的热。由于燃烧需提供氧气，因而就会产生 CO_2、H_2。等惰性气体混在热解可燃气中，稀释了可燃气，结果降低了热解产气的热值。如果采用空气作氧化剂，热解气体中不仅有 CO_2、H_2O，而且含有大量的 N_2，更稀释了可燃气，使热解气的热值大大降低。因此，采用的氧化剂是纯氧、富氧或空气，其热解可燃气的热质是不同的。如用空气做氧化剂，热解美国城市混合有机废弃物所得的可燃气，其热值一般只在 $5500kJ/m^3$（标准状态下）左右。采用纯氧作氧化剂热解，其热解气热值可达 $11000kJ/m^3$（标准状态下）。

（2）间接加热法

被热解的物料下直接供热介质在热解反应器（或热解炉）中分离开来的一种方法。可利用干墙式导热或一种中间介质来做传热（热砂料或熔化的某种金属床层）。墙式导热方式由于热阻大，熔渣可能会出现包覆传热壁面或者腐蚀等问题，以及不能采用更高的热解温度等而受限；采用中间介质传热，虽然可能出现固体传热或物料下中间介质的分离等问题，但二者综合比较起来后者较墙式导热方式要好一些。

间接加热法的主要优点在于其产品的品位较高，如前所述的用同样地区的城市有机混合垃圾做物料，其产气热值可达 $18630kJ/m^3$（标准状态下），相当于用空气做氧化剂的直接加热法产气热值的3倍多，完全可当成燃气直接燃烧利用。但间接加热法每千克物料所产生的燃气量一产气率大大低于直接法。除流化床技术外，间接加热一般而言，其物料被加热的性能较直接加热差，从而增加了物料在反应器里的停留时间，即间接加热法的生产率是低于直接加热法的，间接加热法不可能采用高温热解方式，这可减轻对 NO_x 产生的顾虑。

对于不同的反应器型式，它们在加热方法、运行繁简和加热速度大小方面的一般性能，可以由表4-2反映出来。

表4-2　不同反应器的性能

	直接加热法		间接加热法			
			墙式		中间介质	
	运行简易	加热速度	运行简易	加热速度	运行简易	加热速度
竖井炉	＋	0	＋	—	—	＋
卧式炉	／	／	—	—	＋	＋
旋转窑	＋	0	＋	—	—	＋
流化床	—	＋	／	／	—	＋

注："＋"表示性能好；"—"表示不好；"0"表示不好不坏；"／"表示尚无发展

2. 按热解温度的分类

（1）高温热解

热解温度一般都在1000℃以上，高温热解方案采用的加热方式几乎都是直接加热法，如果采用高温纯氧热解工艺，反应器中的氧化一熔渣区段的温度可高达1500℃，从而将热解残留的惰性固体（金属盐类及其氧化物和氧化硅等）熔化，以液态渣形式排出反应器，清水淬冷后粒化。这样可大大减少固态残余物的处理困难，而且这种粒化的玻璃态渣可作建筑材料的骨料。

（2）中温热解

热解温度一般在600～700℃之间，主要用在比较单一的物料做能源和资源回收的工艺上，如废轮胎、废塑料转换成类重油物质的工艺。所得到的类重油物质既可做能源，亦可做化工初级原料。

（3）低温热解

热解温度一般在600℃以下。农业、林业和农业产品加工后的废物用来生产低硫低灰的炭就可采用这种方法，生产出的炭视其原料和加工的深度不同，可做不同等级的活性炭和水煤气原料。

第五章 土壤环境污染及其防治

第一节 土壤组成与分类

一、土壤形成和成土原因

（一）土壤概念

成土因素学说及统一形成学说认为，土壤是地球陆地表面能生长绿色植物的疏松表层，即土壤处于地球陆地表面，最主要功能是生长绿色植物，其物理状态是由矿物质、有机质、水和空气组成的具有疏松多孔结构的介质。

（二）土壤的成土因素

土壤是成土母质在一定水热条件和生物作用下，经过一系列物理、化学和生物的作用而形成的。在这个过程中，母质与成土环境之间发生了一系列物质、能量交换和转化，形成层次分明的土壤剖面，出现肥力特性。土壤作为一种自然体，具有本身特有的发生和发展规律。

土壤形成因素又称成土因素，是影响土壤形成和发育的基本因素。土壤的特性和发育受到外部因素影响，与动植物生长相比，土壤的形成过程很慢，很难观察，但可以通过分析土壤形成因素的差异与土壤特性差异的相关性得到部分信息。因此，成土环境（因素）的研究一直是土壤发生学的重要研究内容。

土壤形成的物质基础是母质，能量的基本来源是气候，生物则把物质循环和能量交换向形成土壤的方向发展，使无机能转变为有机能，太阳能转变为生物化学能，促进有机物质积累和土壤肥力的产生，地形、时间以及人为活动则影响土壤的形成速度、发育程度及方向。

1. 母质对土壤发生的作用

地壳表层的岩石经过风化，变为疏松的堆积物，称为风化壳，在地球陆地上有广泛的分布。风化壳表层是形成土壤的重要物质基础——成土母质。成土母质是原生基岩经过风化、搬运和堆积等过程于地表形成的一层疏松、年轻的地质矿物质层，是形成土壤的物质基础，对土壤形成过程和土壤属性均有很大影响。

母质类型按成因可分为残积母质和运积母质两大类。残积母质指岩石风化后，基本上未经动力搬运而残留在原地的风化物。运积母质指经外力，如水、风、冰川和地心引力等作用而迁移到其他地区的母质。

2. 气候对土壤发生的影响

气候对土壤形成的影响主要体现在两个方面：一是直接参与母质的风化，水热状况直接影响矿物质的分解与合成和物质的积累与淋失；二是控制植物生长和微生物活动，影响有机质积累和分解，决定养料物质循环速度。

土壤中物质迁移主要以水为载体。不同地区，由于土壤湿度有差异，物质运移有很大差别。根据土壤中水分收支情况对物质运移的影响，可分为淋溶型水分状况、上升水型水分状况、半上升水型水分状况和停滞型水分状况。温度影响矿物风化与合成和有机质的合成与分解。一般来说，温度每增加10℃，反应速率可成倍增加。温度从0℃增长到50℃时，化合物的解离度可增加7倍。温度和湿度对成土过程的强度和方向的影响是共同作用的，两者互相配合，才能促进土壤的形成和发展。温度和湿度对土壤形成作用的总效应很复杂，这多数取决于水热条件和当地土壤地球化学状态的配合情况。

3. 生物因素在土壤发生中的作用

土壤形成的生物因素包括植物、土壤动物和土壤微生物。生物因素是促进土壤发生发展最活跃的因素。生物的生命活动，把大量太阳能引进成土过程，使分散在岩石圈、水圈和大气圈中的营养元素向土壤表层富集，形成土壤腐殖质层，使土壤具备肥力特性，推动土壤形成和演化。从一定意义上说，没有生物因素的作用就没有土壤的形成过程。

4. 地形与土壤发生的关系

成土过程中，地形是影响土壤和环境之间进行物质和能量交换的重要因素，与母质、生物、气候等因素的作用不同，它不提供任何新的物质，主要通过影响其他的成土因素对土壤形成起作用。

地形对母质起重新分配的作用，不同地形部位常分布不同的母质。

地形支配地表径流，影响水分的重新分配，从而影响或改变土壤的形成过程或性质，也是人类活动通过地表径流或地下水污染、改变土壤性态的重要原因之一。

地形对水分状况的影响在湿润地区尤为重要，因为湿润地区降水丰富，地下水位较高；而在干旱地区，降水少，地下水位较低，由地形引起的水分状况差异较小。

地形也影响地表温度差异，不同海拔高度、坡度和方位对太阳辐射能吸收和地面散射不同，如南坡通常较北坡温度高。

5. 成上时间对土壤发生的影响

时间因素对土壤形成没有直接影响，但体现土壤的不断发展。成土时间长，受气候作用持久，土壤剖面发育完整，与母质差别大；成土时间短，受气候作用短暂，土壤剖面发育差，与母质差别小。

6. 人类活动对土壤发生演化的影响

人类活动在土壤形成过程中具有独特的作用，与其他五个因素有本质区别，不能把其作为第六个因素与其他自然因素同等看待。这是因为：①人类活动对土壤的影响是有意识、有目的和定向的。农业生产实践中，在逐渐认识土壤发生发展规律的基础上，利用和改造土壤、培肥土壤，影响较快。②人类活动是社会性的，受社会制度和社会生产力的影响。不同社会制度和生产力水平下，人类活动对土壤的影响及效果有很大差别。

二、土壤基本特性

（一）土壤物理性质

与土壤环境质量相关的土壤物理性质主要包括土壤颗粒、密度、孔隙、质地和结构等。

1. 土壤颗粒

根据土粒的成分，土粒可分为矿质颗粒和有机颗粒。在绝大多数土壤中，前者占土壤固相重量的95%以上，而且在土壤中长期稳定地存在，构成土壤固相骨架；后者或者是有机残体的碎屑，极易被小动物吞噬和微生物分解掉，或者是与矿质土粒结合而形成复粒，因而很少单独地存在。所以，通常所说的土粒专指矿质土粒。

2. 土壤密度

单位容积固体土粒（不包括粒间孔隙的容积）的质量（实用上多以重量代替）称为土壤密度，过去曾称为土壤比重或土壤真比重，单位为 g/cm^3 或 t/m^3。土壤密度值除了用于计算土壤孔隙度和土壤三相组成外，还可用于计算土壤机械分析时各级土粒的沉降速度，估计土壤的矿物组成以及土壤环境容量的计算与评估等。一般土壤的密度多在 $2.6 \sim 2.8$ g/cm^3，计算时通常采用平均密度值 2.65 g/cm^3。

3. 土壤孔隙

土壤中固、液、气三相的容积比，可粗略地反映土壤持水、透水和通气情况。三相组成与容重、孔隙度等土壤参数，可评价农业土壤的松紧程度和宜耕状况。土壤固、液、气三相的容积分别占土体容积的百分率，称为固相率、液相率（即容积含水量或容积含水率，可与质量含水量换算）和气相率，三者之比即土壤三相组成（或称三相比）。

4. 土壤质地

质地是土壤十分稳定的自然属性，反映母质来源及成土过程中的某些特征，对肥力有很大影响，是土壤分类系统中基层分类的依据之一。在制定土壤利用规划、进行土壤改良和管理时必须考虑其质地特点。土壤质地对土壤肥力的影响是多方面的，是决定土壤水、鹿、气、热的重要因素。

5. 土壤结构

土壤结构是土粒（单粒和复粒）的排列和组合形式。包含两重含义：结构体和结构性。通常所说的土壤结构多指结构体。土壤结构体或称结构单位，是土粒（单粒和复粒）互相排列和团聚成为一定形状和大小的土块或土团，具有不同程度的稳定性，以抵抗机械破坏（力稳性）或泡水时不致分散（水稳性）。自然土壤的结构体种类对每一类型土壤或土层是特征性的，可以作为土壤鉴定的依据。耕作土壤的结构体种类也可以反映土壤的培肥熟化程度和水文条件等。

6. 土壤力学性质

土粒通过各种引力而黏结起来，就是土壤黏结性；土壤塑性是片状黏粒及其水膜造成的。过干的土壤不能任意塑形，泥浆状态的土壤虽能变形，但不能保持变形后的状态。因此，土壤只有在一定含水量范围内才具有塑性。

7. 土壤耕性与耕作

作物生产过程中的播种、发芽以及根系的良好生长有赖于疏松且水、肥、气、热较为协调的土壤环境，其形成需要一系列农艺措施的配合，耕作就是其中的重要手段。耕作是在作物种植以前或在作物生长期间，为了改善植物生长条件而对土壤进行的机械操作。操作的方式、过程因自然条件、经济条件、作物类型及土壤性质的不同而异。

土壤耕作主要有两方面的作用：①改良土壤耕作层的物理状况，调整其中的固、液、气三相比例，改善耕层构造。对紧实的土壤耕层，耕作可增加土壤空隙，提高通透性，有利于降水和灌溉水下渗，减少地面径流，保墒蓄水，并能促进微生物的好氧分解，释放速效养分；对土粒松散的耕层，耕作可减少土壤空隙，增加微生物的厌氧分解，减缓有机物消耗和速效养分的大量损失，协调水、肥、气、热四个肥力因素，为作物生长提供良好的土壤环境。②根据当地自然条件特点和不同作物栽培要求，使地面符合农业要求。

（二）土壤化学性质

1. 土壤胶体表面化学

土壤胶体化学和表面反应主要研究土壤胶体的表面结构、表面性质和表面上发生的化学及物理化学反应，是土壤学中的微观研究领域。土壤黏粒的巨大表面使土壤具有较高的表面活性，其表面所带的电荷是土壤具有一系列化学性质的根本原因，也是土壤与纯砂粒的主要不同之处。土壤化学的核心内容是土壤胶体的表面化学。

2. 土壤溶液化学反应

土壤水中含有多种可溶性有机、无机物质。土壤水分及其所含的空气、溶质称为土壤溶液，土壤中的各种反应过程都是在土壤溶液中进行，土壤矿物风化、胶体表面反应、物质运移、植物从土壤中吸取养分或有毒有害化学成分等都必须在土壤溶液参与下实现。

3. 土壤氧化还原反应

氧化还原电位（Eh）指土壤溶液中氧化态物质和还原态物质的相对比例，决定土壤的氧化还原状况，当土壤中某一氧化态物质向还原态物质转化时，土壤溶液中氧化态物质减少，对应的还原态物质浓度增加。随着浓度变化，溶液电位相应改变，变幅由性质和浓度比的具体数值而定。这种由于溶液中氧化态物质和还原态物质的浓度关系变化而产生的电位称为氧化还原电位，单位为 V 或 mV。

（三）土壤生物学性质

1. 土壤微生物

土壤中微生物分布广、数量大、种类多，是土壤生物中最活跃的部分。它们参与土壤有机质分解，腐殖质合成，养分转化和推动土壤的发育和形成。1kg 土壤中可含 5 亿个细菌，100 亿个放线菌和近 10 亿个真菌，5 亿个微小动物。土壤微生物种类不同，有能分解有机质的细菌和真菌，有以微小微生物为食的原生动物以及能进行有效光合作用的藻类等。

2. 土壤酶

土壤中各种生化反应除受微生物本身活动的影响外，实际上是在各种相应的酶的参与下完成的。土壤酶主要来自微生物、土壤动物和植物根，但土壤微小动物对土壤酶的贡献十分有限。植物根与许多微生物一样，能分泌胞外酶，并能刺激微生物分泌酶。在土壤中已发现 50～60 种酶，研究较多的有氧化还原酶、转化酶和水解酶。

土壤酶较少游离在土壤溶液中，主要是吸附在土壤有机质和矿物质胶体上，并以复合物状态存在。土壤有机质吸附酶的能力大于矿物质，土壤微团聚体中酶比大团聚体多，土壤细粒级部分比粗粒级部分吸附的酶多。酶与土壤有机质或黏粒结合，固然会对酶的动力学性质有影响，但它也会因此受到保护，增强稳定性，防止被蛋白酶或钝化剂降解。

3. 土壤活,性物质

土壤活性物质包含植物激素、植物毒素、维生素和氨基酸，以及多糖和生物活性物质等。土壤微生物合成的代谢产物——生物活性物质，直接影响植物的生长、产品数量和质量。

很多微生物都能合成各种不同的植物激素，并分泌于体外或在微生物死亡后释放到土壤中。产生植物毒素的细菌多为假单胞菌属的细菌，它们的代谢产物能抑制植物生长。

（四）土壤肥力质量

土壤质量是土壤特性的综合反映，也是揭示土壤条件动态的最敏感的指标，能体现自然因素及人类活动对土壤的影响。土壤质量的核心之一是土壤生产力，基础是土壤肥力质量。土壤肥力质量是土壤的本质属性，直接影响作物生长的好坏，从而影响农业生产的结构、布局和效益。国内外关于土壤肥力质量的学说与观点中，比较全面的观点是将地貌、水文、气候、植物等环境因子，以及人类活动等社会因子作为土壤肥力质量系统组分，认为从土壤—植物—环境整体角度看，土壤肥力质量是土壤养分针对特定植物的供应能力，以及土壤养分供应植物时环境条件的综合体现，土壤养分、植物、环境条件共同构成土壤肥力的外延。土壤肥力质量不仅受土壤养分、植物的吸收能力和植物生长的环境条件各因子的独立作用，更重要的是取决于各因子的协调程度。

三、土壤组成与性质

（一）土壤矿物质

土壤矿物质是土壤的主要组成物质，构成了土壤的"骨骼"，一般占土壤固相部分重量的95%～98%。其余部分为有机质、土壤微生物体。土壤矿物质的组成、结构和性质，对土壤物理性质（结构性、水发性质、通气性、热学性质、力学性质和耕性）、化学性质（吸附性能、表面活性、酸碱性、氧化还原电位、缓冲作用等）以及生物与生物化学性质（土壤微生物、生物多样性、酶活性等）均有深刻的影响。由坚硬的岩石矿物演化成具有生物活性和疏松多孔的土壤，要经过极其复杂的风化、成土过程。因此，土壤矿物组成也是鉴定土壤类型、识别土壤形成过程的基础。

1. 土壤，物质的主要元素组成

土壤中矿物质主要是由岩石中的矿物变化而来，土壤矿物部分元素组成很复杂，元素周期表中的全部元素几乎都能从中发现。但主要的约有20种，包括氧、硅、铝、铁、钙、镁、钛、钾、钠、磷和硫，以及锰、锌、铜等微量元素。在矿物质的主要元素组成中，氧和硅是地壳中含量最多的两种元素，分别占47%和29%，铁、铝次之，四者相加共占地壳重量的88.7%。其余90多种元素合在一起约占地壳重量的11.3%。所以，组成地壳的化合物中，绝大多数是含氧化合物，以硅酸盐最多。在地壳中，植物生长所必需的营养元素含量很低，其中磷、硫均不到0.1%，氮只有0.01%，而且分布很不平衡，远远不能满足植物和微生物营养的需要。土壤矿物的化学组成，一方面继承了地壳化学组成的特点，另一方面在成土过程中增加了某些化学元素，如氧、硅、碳、氮等，有的化学元素又显著下降了，如钙、镁、钾、钠等。这反映了成土过程中元素的分散、富集特性和生物积聚作用。

2. 土壤的，物组成

土壤矿物按矿物的来源，可分为原生矿物和次生矿物。原生矿物直接来源于母岩的矿物，岩浆岩是其主要来源；次生矿物则是由原生矿物分解转化而成。

土壤原生矿物指经过不同程度的物理风化，未改变化学组成和晶体结构的原始成岩矿物。主要分布在土壤的砂粒和粉粒中,以硅酸盐占绝对优势。土壤中原生矿物类型和数量在很大程度上取决于矿物的稳定性,石英是极稳定的矿物,具有很强的抗风化能力,因而土壤的粗颗粒中其含量就高。长石类矿物占地壳重量的50%~60%,同时也具有一定的抗风化稳定性,所以土壤粗颗粒中的含量也较高。土壤原生矿物是植物养分的重要来源,原生矿物中含有丰富的钙、镁、钾、钠、磷、硫等常量元素和多种微量元素,经过风化作用释放供植物和微生物吸收利用。

(二)土壤有机质

土壤有机质是指存在于土壤中的所有含碳有机物质,它包括土壤中各种动植物残体、微生物及其分解和合成的各种有机物质。土壤有机质由生命体和非生命体两大部分有机物质组成。

有机质是土壤的重要组成部分。尽管土壤有机质只占土壤总重量很小一部分,但其数量和质量是表征土壤质量的重要指标,在土壤肥力、环境保护和农业可持续发展等方面有着很重要的作用和意义。一方面它含有植物生长所需要的各种营养元素,是土壤微生物生命活动的能源,对土壤的物理、化学和生物性质有深刻影响;另一方面,土壤有机质对重金属、农药等各种有机、无机污染物的行为有显著影响,而且土壤有机质对全球碳平衡起着重要的作用,是影响全球"温室效应"的主要因素。

1. 土壤有机质在生态环境中的作用

(1) 土壤有机质与重金属离子的作用

土壤腐殖物质含有多种功能基团,对重金属离子有较强的络合和富集能力。土壤有机质与重金属离子的络合作用,对土壤和水体中重金属离子的固定和迁移有极其重要的影响。

(2) 土壤有机质对农药等有机污染物的固定作用

土壤有机质对农药等有机污染物有强烈的亲和力,对有机污染物在土壤中的生物活性、残留、生物降解、迁移和蒸发等过程有重要影响。土壤有机质是固定农药最重要的土壤组成成分,其固定能力与腐殖物质功能基的数量、类型和空间排列密切相关,也与农药本身性质有关。一般认为,极性有机污染物可以通过离子交换和质子化、氢键、范德华力、配位体交换、阳离子桥和水桥等各种不同机理与土壤有机质结合。

(3) 土壤有机质对全球碳平衡的影响

土壤有机质是全球碳平衡过程中非常重要的碳库。据估计全球土壤有机质的总碳量在 $14 \times 10^{17} \sim 15 \times 10^{17}g$,大约是陆地生物总碳量($5.6 \times 10^{17}g$)的2.5倍。每年因土壤有机质生物分解释放到大气的总碳量为 $68 \times 10^{15}g$,全球每年因焚烧燃料释放到大气的碳仅为 $6 \times 10\%$,是土壤呼吸作用释放碳的8%~9%。可见,土壤有机质损失对地球自然环境具有重大影响。从全球来看,土壤有机碳水平的不断下降,对全球气候变化的影响将不亚于人类活动向大气排放的影响。

2. 土壤有机质的管理

自然土壤中，土壤有机质含量反映了植物枯枝落叶、根系等有机质的加入量与有机质分解而产生损失量之间的动态平衡。自然土壤一旦被耕作农用以后，这种动态平衡关系就会遭到破坏。一方面，由于耕地上除作物根茬及根的分泌物外，其余的生物量大部分会作为收获物被取走，这样进入耕作土壤中的植物残体量比自然土壤少；另一方面，耕作等农业措施常使表层土壤充分混合，干湿交替的频率和强度增加，土壤通气性变好，导致土壤有机质的分解速度加快。适宜的水分条件和养分供应也促使微生物更为活跃。此外，耕作会增加土壤侵蚀，使土层变薄，也是土壤有机质减少的一个原因。一般的趋势是对于原有机质含量高的土壤，随着耕种年数的递增，土壤有机质含量降低。土壤有机质含量降低导致土壤生产力下降已成为世界各国关注的问题，我国人多地少、复种指数高，保持适量的土壤有机质含量是我国农业可持续发展的一个重要因素。但对于有机质含量较低的土壤（如侵蚀性红壤、漠境土等），耕种后通过施肥等措施进入土壤的有机物质数量较荒地条件下明显增加，因而有机质含量将逐步提高。

我国耕地土壤的现状是有机质含量偏低，必须不断添加有机物质才能将土壤有机质水平提高，使土壤活性有机质保持在适宜的水平，既能保持土壤良好的结构，又能不断地供给作物生长所需的养分。尽管因气候条件、土壤类型、利用方式、有机物质种类和用量等不同使土壤有机质含量提高的幅度有显著的差异，但施用有机肥在各种土壤及不同种植方式下都能提高耕地土壤有机质的水平。通常用"腐殖化系数"作为有机物质转化为土壤有机质的换算系数，它是单位重量的有机物质碳在土壤中分解一年后的残留碳量。同类有机物质在不同地区的腐殖化系数不同，同一地区不同有机物质的腐殖化系数也不同。

（三）土壤生物

1. 土壤微生物

土壤微生物是地表下数量最巨大的生命形式。土壤微生物按形态学来分，主要包括原核微生物（古菌、细菌、放线菌、蓝细菌、黏细菌）、真核微生物（真菌、藻类和原生动物），以及无细胞结构的分子生物。

采用传统方法可培养的土壤微生物只占总数的一小部分，有人推测约占其中的0.1%。因此，人们常常通过生物化学、分子生物学等技术分析土壤微生物的数量、群落结构及活性。最常见的指标包括土壤微生物生物量、土壤微生物多样性和土壤酶等。

2. 土壤动物

土壤中的动物按自身大小，可分为微型土壤动物（如原生动物和线虫等）、中型土壤动物（如蛾等）和大型土壤动物（如蚯蚓、蚂蚁等）。虽然土壤动物生物量相对较少，但其在促进土壤养分循环方面起着重要作用。土壤动物能直接或间接地改变土壤结构，直接作用来自掘穴、残体再分配以及含有未消化残体和矿质土壤粪便的沉积作用；间接作用是指土壤动物的行为改变了地表或地下水分的运动、颗粒的形成，以及水、风和重力运输的溶解物，影响物质运输。

3. 土壤中的植物根系

高等植物根系虽然只占土壤体积的1%，但其呼吸作用却占土壤的1/4～1/3。根据尺寸大小，根系可被认为是中型或微型生物，其主要作用是将根部固定到土壤中，另外就是增大根部的表面积，使其能从土壤中吸收更多的水分和营养。植物根系的活动能明显影响土壤的化学和物理性质；同时，植物根系与其他生物之间也常常存在竞争或协同关系。

（四）土壤水、空气和热量

1. 土壤水分

土壤水是土壤的最重要组成部分之一，对土壤的形成和发育以及土壤中物质和能量运移有着重要影响。土壤水是植物生存和生长的物质基础，是作物水分的最主要来源。水具有可溶性、可移动性和比热高等理化性质，是土壤中许多化学、物理和生物学过程的介质，是土壤环境特征的重要方面。

按水在土壤中存在状态通常可划分为固态水（化学结合水和冰）、液态水和气态水（水汽）。其中数量最多的是液态水，包括束缚水和自由水，束缚水包括吸湿水和膜状水，自由水又分为毛管水、重力水和地下水。这里主要介绍液态水。

（1）吸湿水

干土从空中吸着水汽所保持的水，称为吸湿水，又称紧束缚水，属于无效水分。在室内经过风干的土壤，实际上还含有水分。将风干的土壤样品放在烘箱里，在105～110℃的温度下烘干，称为烘干土。如果把烘干土重新放在常温、常压的大气中，土壤重量又逐渐增加，直到与当时空气湿度达到平衡，并且随着空气湿度的变化而相应变动。风干土样与烘干土样间的重量差为吸湿水重量。

（2）膜状水

指由土壤颗粒表面吸附所保持的水层，膜状水的最大值叫最大分子持水量。膜状水对植物生长发育来说属于弱有效水分，又称为松束缚水分。由于部分膜状水所受吸引力超过植物根的吸水能力，更由于膜状水移动速度太慢，不能及时补给，所以高等植物只能利用土壤中部分膜状水。通常当土壤还含有全部吸湿水和部分膜状水时，高等植物就已经发生永久萎蔫了。

（3）毛管水

毛管水指借助于毛管力（势），吸持和保存在土壤孔隙系统中的液态水。它可以从毛管力（势）小的方向朝毛管力（势）大的方向移动，并被植物吸收利用。

（4）重力水和地下水

当大气降水或灌溉强度超过土壤吸持水分的能力时，土壤的剩余引力基本上已经饱和，多余的水由于重力作用通过大孔隙向下流失，这种形态的水称为重力水。有时因为土壤黏紧，重力水一时不易排出，暂时滞留在土壤大孔隙中，称为上层滞水。重力水虽然可以被植物吸收，但因为它很快就流失，所以实际上被利用的机会很少；而当重力水暂时滞留时，却又因为占据了土壤大孔隙，有碍土壤空气的供应，反而对高等植物根系的吸水有不利影响。

如果土壤或母质中有不透水层存在，向下渗透的重力水，就会在它上面的土壤孔隙中聚积起来，形成一定厚度的水分饱和层，其中的水可以流动，成为地下水。地下水能通过支持毛管水的方式供应高等植物的需要。

2. 土壤空气

土壤空气在土壤形成和土壤肥力培育过程中，以及在植物生命活动和微生物活动中，都有着十分重要的作用。土壤空气中具有植物生活直接和间接需要的营养物质，如氧、氮、二氧化碳和水汽等，在一定条件下土壤空气起着与土壤固、液两相相同的作用。当土壤通气受阻时，土壤空气的容量和组成会成为作物产量的限制因子。因此，在农业实践中常需通过耕作、排水或改善土壤结构等措施促进土壤空气的更新，使植物生长发育有适宜的通气条件。

3. 土壤热量与热性质

土壤热量的最基本来源是太阳辐射能。同时，微生物分解有机质的过程是放热的过程，释放的热量，小部分被微生物自身利用，而大部分可用来提高土温。进入土壤的植物组织，每千克植物含有 $16.7452 \sim 20.932 kJ$ 的热量。据估算，含有机质4%的土壤，每平方米耕层有机质的潜能为 $1.55 \times 10^{6} \sim 1.70 \times 10^{6}$ kJ，相当于 $4.9 \sim 12.4 t$ 无烟煤的热量。在保护地蔬菜的栽培或早春育秧时，施用有机肥，并添加热性物质，如半腐熟的马粪等，就是利用有机质分解释放出的热量以提高土温，促进植物生长或幼苗早发快长。

土壤的热性质是土壤物理性质之一。指影响热量在土壤剖面中的保持、传导和分布状况的土壤性质。包括3个物理参数：土壤热容量、导热率和导温率。土壤热性质是决定土壤热状况的内在因素，也是农业上控制土壤热状况，使其有利于作物生长发育的重要物理因素，可通过合理耕作、表面覆盖、灌溉、排水及施用人工聚合物等措施加以调节。

四、土壤类型与分布

(一) 土壤分类体系

目前土壤分类多体系并存，各土壤分类体系间有较大差异。我国土壤分类主要是发生学分类体系和诊断学分类体系，对两者进行参比时，以土壤发生学分类的土类与土壤诊断学分类的亚纲或土类进行比较。

1. 土壤发生学分类体系

土壤发生学分类体系是以土壤属性为基础，以成土因素、成土过程和土壤属性（较稳定的形态特征）为依据，将耕种土壤和自然土壤作为统一的整体划分土壤类型，具体分析自然因素和人为因素对土壤的影响。我国第二次全国土壤普查汇总的中国土壤分类系统，采用土纲、亚纲、土类、亚类、土属、土种、变种7级分类，是以土类和土种为基本分类级别的分级分类制。各分类级别的划分依据如下：

土纲：根据土类间的发生和性状的共性加以概括。全国土壤共分铁铝土、淋溶土、半淋溶土、钙层土、干旱土、漠土、初育土、半水成土、水成土、盐碱土、人为土、高山土12个土纲。

亚纲：根据土壤形成过程中主要控制因素的差异划分。土壤水分状况和土壤温度状况的差异常用作亚纲的划分依据，如铁铝土纲根据温度状况不同，划分为湿热铁铝土和湿暖铁铝土两个亚纲。

土类：分类的基本单元。在一定的综合自然条件或人为因素作用下，经过一个主导的或几个附加的次要成土过程，具有相似的发生层次，土类间在性质上有明显的差异。

2.土壤诊断学分类体系

我国土壤诊断学分类以土壤诊断层和诊断特性为基础，以发生学理论为指导，共分六级，即土纲、亚纲、土类、亚类、土族和土系。前四级为高级分类级别，后两级为基层分类级别。

土纲：最高级土壤分类级别。根据主要成土过程产生的性质、影响及主要成土过程的性质划分，共分出14个土纲。

亚纲：土纲的辅助级别。根据影响成土过程的控制因素所反映的性质（如水分状况、温度状况和岩性特征）划分。

土类：亚纲的细分级别。根据反映主要成土过程强度或次要成土主要过程或次要控制因素的表现性质划分。

（二）土壤类型分布

1.土壤分布的地带柱

我国的土壤类型繁多，分布随自然条件的变化做相应变化，土壤类型在空间上的分布规律具有多种表现形式，一般归纳为水平地带性、垂直地带性和地域性分布规律。

（1）土壤水平地带性分布规律

我国土壤的水平地带性分布，在东部湿润、半湿润区域，表现为自南向北随气温带而变化的规律，热带为砖红壤，南亚热带为赤红壤，中亚热带为红壤和黄壤，北亚热带为黄棕壤，暖温带为棕壤和褐土，温带为暗棕壤，寒温带为漂灰土，其分布与纬度基本一致，故又称纬度水平地带性。在北部干旱、半干旱区域，表现为随干燥度而变化的规律，自东而西依次为暗棕壤、黑土、灰色森林土（灰黑土）、黑钙土、栗钙土、棕钙土、灰漠土、灰棕漠土，其分布与经度基本一致，故这种变化主要与距离海洋的远近有关。距离海洋越远，受潮湿季风的影响越小，气候越干旱；距离海洋越近，受潮湿季风的影响越大，气候越湿润。由于气候条件不同，生物因素的特点也不同，对土壤的形成和分布，必然带来重大的影响。

（2）土壤垂直地带性分布规律

我国的土壤由南到北、由东向西虽然具有水平地带性分布规律，但北方的土壤类型在南方山地却往往也会出现。随着海拔升高，山地气温就会不断降低，自然植被随之变化。由于山体海拔的变化而引起气候—生物分布的带状分异所产生的土壤带状分布规律，称土壤垂直地带性分布规律。

土壤由低到高的垂直分布规律，与由南到北的纬度水平地带分布规律是近似的。土壤的垂直分布是在不同的水平地带开始的，各个水平地带各有不同的土壤垂直带谱。这种垂直带谱，在低纬度的热带，较高纬度的寒带更为复杂，而且同类土壤的分布，自热带至寒带逐渐降低，山体的高度和相对高差，对土壤垂直带谱有影响。山体越高，相对高差越大，土壤垂直带谱越完整。例如，喜马拉雅山具有最完整的土壤垂直带谱，由山麓的红黄壤起，经过黄棕壤、山地酸性棕壤、山地漂灰土、亚高山草甸土、高山草甸土、高山寒漠土，直至雪线，为世界所罕见。

（3）土壤地域分布规律

土壤地域性分布规律，是在地带性分布规律的基础上，由于地形与水文地质差异，以及人为耕作活动影响，土壤发生相应变异的有别于地带性土壤的地方性分类，并与地带性土壤形成镶嵌分布，如广泛分布于云南、广西、贵州的岩成石灰土，与当地地带性土壤红壤、黄壤形成镶嵌分布。

2. 我国主要土壤类型

（1）砖红壤、赤红壤、红壤、黄壤和燥红土

我国热带亚热带地区，广泛分布着各种红色或黄色的酸性土壤，由于它们在土壤发生发展和生产利用上有共同之处，统归为红壤系列，包括红壤、砖红壤、赤红壤、黄壤和燥红土等类。它是我国分布最广的土壤类型之一。其分布范围大致北起长江，南至南海诸岛，东起台湾、澎湖列岛，西达云贵高原及横断山脉，其中以广东、广西、福建、台湾、江西、湖南、云南、贵州等省（区）分布最广，湖北、四川、浙江、安徽等省次之。

砖红壤主要分布在海南岛、雷州半岛和西双版纳等地，大体上位于北纬22。以南，由于地处热带，自然条件优越，是发展热带生物资源的重要基地。

赤红壤为南亚热带地区的代表性土壤，主要分布于广东西部和东南部、广西西南部、福建、台湾南部以及云南的德宏、临沧市西南部。一般分布于海拔1 000 m以下的低山丘陵区。气候特点介于砖红壤和红壤之间。

红壤主要分布于长江以南广阔的低山丘陵区，其中包括江西、湖南两省的大部

分，云南、广东、广西、福建等省（区）的北部，以及贵州、四川、浙江、安徽等省的南部。

黄壤是我国南方山区主要土壤类型之一，广泛分布于亚热带与热带的山地上，以四川、贵州两省为主，在云南、广西、广东、福建、湖南、湖北、江西、浙江、安徽和台湾诸省（地区）也有相当面积。黄壤形成于湿润的亚热带生物一气候条件下，热量条件较同纬度地带的红壤略低。

燥红土主要分布在海南的西南部、云南南部等地，一般由于地形受山地屏障或切割形成的高山峡谷地形的影响，生物气候条件干热，这些地区具有热量高、酷热期长、降雨量少、蒸发量大、旱季长的特点。

（2）黄棕壤、棕壤和褐土

黄棕壤、棕壤和褐土是我国北亚热带与暖温带的地带性土壤类型。黄棕壤分布于北亚热带，兼有棕壤与红、黄壤的某些特点，棕壤与褐土分别出现于暖温带的湿润和半湿润地区。

黄棕壤是北亚热带地区的地带性土壤，在分布上和发生上均表现出明显的南北过渡性，集中分布于江苏、安徽两省的长江两岸以及鄂北、陕南与豫西南的丘陵低山地区。在此以南地区，黄棕壤多出现在山地垂直地带带谱中。

棕壤集中分布于暖温带的湿润地区，纵跨辽东与山东半岛，带幅大致呈南北向。另外，还广泛出现于半湿润与半干旱地区的山地垂直地带中，如在燕山、太行山、嵩山、秦岭、伏牛山、吕梁山和中条山的垂直地带中，在褐土或淋溶褐土之上均有棕壤分布。

褐土主要分布于暖温带半湿润的山地和丘陵地区，在水平分布上处于棕壤以西的半湿润地区，在垂直分布上则位于棕壤带之下。主要分布在燕山、太行山、吕梁山与秦岭等山地和关中、晋南、豫西等盆地中。

（3）水稻土

水稻土是我国重要的耕作土壤之一。水稻土是指在长期淹水种稻的条件下，受人为活动和自然成土因素的双重作用，而产生水耕熟化和氧化与还原交替，以及物质的淋溶、淀积，形成特有剖面特征的土壤。由于水稻的生物学特性对气候和土壤有较广的适应性，因而水稻土可以在不同的生物气候带和不同类型的母土上发育形成。我国水稻土几乎遍布全国，但主要分布于秦岭至淮河一线以南的广大平原、丘陵和山区，其中以长江中下游平原、四川盆地和珠江三角洲最为集中。

（4）黑土、黑钙土和白浆土

黑土、黑钙土和白浆土为我国主要农业地区的土壤，主要分布在黑龙江、吉林、辽宁、内蒙古、甘肃与新疆等省（区），以黑龙江和吉林最为集中。

黑土主要分布在黑龙江和吉林的中部，集中在松嫩平原的东北部，小兴安岭和长白山的山前波状起伏台地上更是集中连片。此外，在黑龙江省东北部和北部以及吉林东部也有少量分布，向北、东与白浆土或暗棕壤相接，向西与黑钙土为邻。

黑钙土主要在黑龙江和吉林省的西部，并延伸到燕山北麓和阴山山地的垂直地带上，其上部或其东部与灰黑土、暗棕壤、黑土接壤，其下部或其西部、南部则逐渐过渡到暗栗钙土。

白浆土分布于吉林省东部和黑龙江省的东部和北部，多见于黑龙江、乌苏里江与松花江下游的河谷阶地，小兴安岭、完达山、长白山及大兴安岭东坡的山间盆地、谷地、山前台地和部分熔岩台地。

（5）栗钙土、棕钙土和灰钙土

栗钙土、棕钙土和灰钙土带是我国温带、暖温带干旱半干旱地区的地带性土壤类型，分布辽阔。

栗钙土主要分布在内蒙古高原的东部与南部、鄂尔多斯高原东部，呼伦贝尔高原西部以及大兴安岭南麓的丘陵平原地区，向西可延伸到新疆北部的额尔齐斯、布克谷地与山前阶地。在阴山、贺兰山、祁连山、阿尔泰山、天山及昆仑山的垂直地带谱与山间盆地也有广泛分布。

棕钙土与栗钙土相比较，其腐殖质累积过程更弱，而石灰的聚积过程则大为增强，钙积层的位置在剖面中普遍升高，形成于温带荒漠草原环境，主要分布于内蒙古高原的中西部、鄂尔多斯高原的西部和准噶尔盆地的北部，是草原向荒漠过渡的地带性土壤。在贺兰山、祁连山、准噶尔界山与昆仑山的垂直地带上也有分布。

灰钙土也是荒漠草原地区的地带性土壤类型，分布面积以黄土高原的西北部、河西走廊的东段和新疆的伊犁河谷最为集中，土壤剖面分化弱，发生层次不及栗钙土、棕钙土清晰，腐殖质层的基本色调为浅黄棕带灰色，钙积层不明显。

（6）灰漠土、灰棕漠土和棕漠土

漠境地区约占我国总面积的五分之一，漠境地区有三类地带性土壤，灰棕漠土和棕漠土分别位于温带和暖温带漠境地区，而灰漠土则位于温带漠境与半漠境的过渡地区。

灰漠土是石膏盐层土中稍微湿润的类型，是温带漠境边缘细土物质上发育的土壤，分布在漠境边缘地带内蒙古河套平原、宁夏银川平原的西北角，新疆准噶尔盆地到沙漠的南北两边山前倾斜平原、古老冲积平原和剥蚀高原地区，甘肃河西走廊的西段也有一部分，实际分布的面积并不大。

灰棕漠土为温带荒漠地区的土壤，是温带漠境气候条件下粗骨母质上发育的地带性土壤。在我国西北地区占有相当大面积，主要分布于准噶尔盆地、河西走廊等地，青海柴达木盆地西北部戈壁也有分布。

棕漠土是暖温带漠境条件下发育的地带性土壤类型。广泛分布在新疆天山山脉、甘肃的北山一线以南，嘉峪关以西，昆仑山以北的广大戈壁平原地区。以河西走廊的西半段，新疆东部的吐鲁番、哈密盆地和噶顺戈壁地区最为集中。塔里木盆地周围山前的洪积戈壁，以及这些地区的部分干旱山地上也有分布。

（7）高山草甸土

高山草甸土发育于高山森林郁闭线以上草甸植被下的土壤。我国高山草甸土主要分布于青藏高原东部的高原面和高山，以及帕米尔高原、天山和祁连山等海拔在3 200～5 200 m的祁连山、昆仑山、唐古拉山高山区均有分布。在天山等山地常呈垂直带出现，而在高原面上则具有水平地带性分布的特征。

第二节　土壤污染物种类及污染源

通过各种途径输入土壤环境中的物质种类十分繁多，有的是有益的，有的是有害的，有的在少量时是有益的，而在多量时是有害的；有的虽无益，但也无害处。我们把输入土壤环境中的足以影响土壤环境正常功能，降低作物产量和生物学质量，有害于人体健康的那些物质，统称为土壤环境污染物质。其中主要是指城乡工矿企业所排放地对人体、生物体有害的"三废"物质，以及化学农药、病原微生物等。

一、无机污染物

污染土壤环境的无机物主要有重金属（汞、镉、铅、铬、铜、锌、镍以及类金属砷、硒等）、放射性元素、氟、酸、碱、盐等。其中尤以重金属和放射性物质的污染危害最为严重，因为这些污染物都是具有潜在威胁的，而且一旦污染了土壤，就难以彻底消除，并较易被植物吸收，通过食物链而进入人体，危及人类的健康。

二、有机污染物

污染土壤环境的有机物主要有人成的有机农药、酚类物质、氧化物、石油、稠环芳烃、洗涤剂，以及高浓度耗氧有机物等。其中有机氯农药、有机汞制剂、稠环芳烃等性质稳定不易分解的有机物在土壤环境中易累积，造成污染危害。

三、土壤生物污染

土壤生物污染是指一个或几个有害的生物种群从外界环境侵入土壤，大量繁衍，破坏原来的动态平衡，对人类健康和土壤生态系统造成不良影响。造成土壤生物污染的主要物质来源是未经处理的粪便、垃圾、城市生活污水、医院污水、饲养场和屠宰场的污物等。其中危害最大的是传染病医院未经消毒处理的污水和污物。土壤生物污染不仅可能危害人体健康，而且有些长期在土壤中存活的植物病原体还能严重地危害植物，造成农业减产。

四、固体废弃物与放射性污染物

固体废弃物包括工业废渣、污泥、城市垃圾等多种来源。城市生活污水处理厂的污泥可作为肥料使用，但如混入含有害物质的工业废水或工业废水处理厂的污泥，放入农田，势必造成土壤污染。一些城市历来都把大量垃圾施入农田，由于垃圾中含有大量的煤灰、砖瓦碎块、玻璃、塑料，甚至重金属等，如长期施用，土壤的理化性质逐步遭到破坏，重金属等有害成分积累增多。

放射性污染物对人畜产生放射病，能致畸、致突变、致癌。随着原子能工业的发展，核技术在工业、农业、医学广泛应用，核泄漏甚至核战争的潜在威胁，使放射性污染物对土壤环境的污染受到人们的关注。

五、土壤环境污染源

土壤环境污染物的来源极其广泛，这是与土壤环境在生物圈中所处的特殊地位和功能密切相关联的：①人类是把土壤作为农业生产的劳动对象和获得生命能源的生产基地。为了提高农产品的数量和质量，每年都不可避免地将大量的化肥、有机肥、化学农药施入土壤，从而带入某些重金属、病原微生物、农药本身及其分解残留物。同时，还有许多污染物随农田灌溉用水输入土壤。利用未作任何处理的，或虽经处理而未达标排放的城市生活污水和工矿企业废水直接灌溉农田，是土壤有毒物质的重要来源。②土壤历来就是作为废物（生活垃圾、工矿业废渣、污泥、污水等）的堆放、处置与处理场所，而使大量有机和无机污染物随之进入土壤，这是造成土壤环境污染的重要途径和污染来源。③由于土壤环境是个开放系统，土壤与其他环境要素之间不断地进行着物质与能量的交换，因大气、水体或生物体中污染物质的迁移转化，从而进入土壤，使土壤环境随之遭受二次污染，这也是土壤环境污染的重要来源。例如，工矿企业所排放的气体污染物，先污染了大气，但可在重力作用下，或随雨、雪降落于土壤中。以上这几类污染是由人类活动的结果而产生的，统称人为污染源。根据人为污染物的来源不同，又可大致分为工业污染源、农业污染源和生物污染源。

工业污染源就是指工矿企业排放的废水、废气、废渣。一般直接由工业"三废"引起的土壤环境污染仅限于工业区周围数十公里范围内，属点源污染。工业"三废"引起的大面积土壤污染往往是间接的，并经长期作用使污染物在土壤环境中积累而造成的。例如，将废渣、污泥等作为肥料施入农田，或由于大气、水体污染所引起的土壤环境二次污染等。

农业污染源主要是指由于农业生产本身的需要，而施入土壤的化学农药、化肥、有机肥，以及残留于土壤中的农用地膜等。

生物污染源是指含有致病的各种病原微生物和寄生虫的生活污水、医院污水、未经处理的粪便、垃圾，以及被病原菌污染的河水等，这是造成土壤环境生物污染的主要污染源。

第三节 土壤环境污染及其防治

一、土壤环境污染及其影响因素

（一）土壤污染的特点

土壤环境污染又称土壤污染，是指人类活动或自然因素产生的污染物，通过多种不同的途径进入土壤环境中，其数量和速度超过了土壤的容纳、净化能力，导致土壤性状发生改变，土壤环境质量下降，影响作物的正常生长发育和产品质量，并进而对人畜健康造成危害的现象。

土壤环境污染不仅指污染物含量的增加，还要造成一定的不良后果，才能称之为污染。因此，评价土壤污染时，既要考虑土壤的环境背景值，还要考虑作物中有害物质的含量、生物反应和对人畜健康的影响。有时污染物含量虽然超过背景值，但并未影响作物正常生长，也未在作物体内积累；有时土壤污染物含量虽然较低，但由于某种作物对某些污染物的富集能力特别强，反而会使作物体内的污染物达到了污染程度。

土壤污染与水污染不同，其污染往往是无声无息的，无法通过气味和颜色由感官来加以识别，因而在很多情况下人们已深受其害却浑然不觉。土壤污染具有以下特点：

1. 隐蔽性和滞后性

土壤污染是污染物在土壤中长期积累的过程，一般要通过对土壤样品和农作物进行分析化验和质量监测，并对摄食的人或动物进行健康检查才能揭示出来，土壤从产生污染到其危害被发现具有一定的隐蔽性和滞后性，不像大气和水污染那样易为人们所察觉。

2. 累积性和地域性

污染物在土壤中的扩散与稀释并不像在水体及大气中那样便捷，因而容易不断积累而达到很高的浓度，并且是土壤污染具有很强的地域性特点。

3. 不可逆性

污染物进入土壤环境后，便与复杂的土壤组成物质发生一系列的迁移转化作用，很多污染作用为不可逆的过程，污染物最终大多形成难溶化合物沉积在土壤中，很难通过自然过程从土壤环境中稀释或消除，对生物体的危害和对土壤生态系统的影响不易恢复。

4. 治理难且周期长

土壤一旦被污染，即使切断污染源也很难自我修复，必须采取各种有效的治理技术才能消除污染。从现有的各种土壤污染治理方法来看，普遍存在着治理成本较高或治理周期过长等不足。

（二）土壤污染物的种类

根据土壤污染物的化学性质，可将其划分为以下几个类别：

1. 化学型

化学型污染物包括有机污染物和无机污染物。有机污染物主要是指农药（如有机氯类、有机磷类、苯氧羟酸和苯酰胺类）、化肥、酚、氰化物、石油、有机洗涤剂、塑料薄膜等；无机污染物包括重金属（Pb、Cd、Hg、Cu、Zn、Ni、As、Se）、酸、碱和盐类物质。

2. 生物型

生物型污染物指外源性有害生物种群侵入土壤环境，并大量繁殖，使土壤生态平衡遭到破坏，对土壤生态系统和人体健康造成不良影响。如，由于使用未经消毒处理的粪便、垃圾、城市污水和污泥等都有可能造成土壤生物污染。有些病原体还可以长期存活于土壤中危害植物，并最终影响植物产品的产量和质量。

3. 放射性污染型

系指人类活动排放出的放射性污染物，使土壤放射性水平高于自然本地值。如核试验产生的放射性物质的沉降、放射性废水的排放、放射性固体废物的土地处理、核电站或其他核设施的核泄漏等都有可能造成土壤的放射性污染。

（三）土壤污染的类型

根据土壤环境中主要污染物的来源和污染传播途径的不同，可将土壤污染划分为下列几种类型：

1. 水质污染型

主要是工业废水、城市生活污水和受污染的地表水体，经由污灌而造成的土壤污染。

2. 大气污染型

大气污染物通过干、湿沉降过程污染土壤。如大气气溶胶中的重金属、放射性元素、酸性物质等土壤的污染作用。其特点是污染土壤以大气污染源为中心呈扇形、椭圆形或条带状分布，长轴沿主导风向伸长，其污染面积和扩散距离，取决于污染物的性质、排放量和排放形式。

3. 固体废物污染型

固体废物主要包括工矿业废弃物（如废渣、煤矸石、粉煤灰等）、城市生活垃圾和污泥等。固体废物的堆积、掩埋、处理不仅直接占用大量耕地，而且通过大气迁移、扩散、沉降或降水淋溶、地表径流等污染周边土壤。其污染特点属点源型，其污染物的种类和性质都比较复杂，主要造成土壤环境的重金属污染及油类和某些有毒有害有机物的污染。随着工业化和城市化的发展，该型污染有日渐扩大之势。

4. 农业污染型

是指由于农业生产的需要而不断地施用化肥、农药、城市垃圾堆肥、污泥等所引起的土壤环境污染。主要污染物为化学农药、重金属以及 N、P 富营养化污染物等。污染物主要集中于耕作表层，其分布较为广泛，属于面源污染。

5. 生物污染型

是指由于向农田施用垃圾、污泥、粪便或引入医院、屠宰场废水及生活污水未经过消毒灭菌，从而使土壤环境遭受病原菌等微生物的污染。

6. 综合污染型

土壤污染往往是由多个污染源和多条污染途径同时造成的，对于同一区域受污染的土壤，其污染源可能同时来自受污染的地表水体、大气，甚至同时还要遭受固体废弃物、农药、化肥的污染。因此，土壤污染往往是综合污染型的。但对于一个地区或区域的土壤来说，可能是以一种或两种污染类型为主。

（四）土壤环境污染的影响因素

第一，土壤环境污染的发生与发展，决定于人类从事生产活动过程中所排放的"三废"及在日常生活活动中排放出的废弃物总量。随着全球人口数量的增长和工业的发展，人类向自然界索取的物质越来越多，同时排放出的废弃物，尤其是工业领域产生的废水、废气、废渣日益增多。我国当前正处于经济迅速发展时期，但相对而言，我国的能源、资源利用率较低，生产技术水平不高，污染治理技术落后和投入不足，对土壤环境污染的影响更为突出。

第二，土壤环境污染的发生与发展还与当地的灌溉、施肥制度、农药施用方式及城市生活垃圾、污泥施用过程中是否按规定的标准和方法进行有关。不恰当的灌溉与施药、施肥制度，不正确地施用农药、污泥、垃圾等是造成土壤环境污染的又一重要因素。

第三，由于不同污染物在土壤环境中的迁移、转化、降解、残留的规律不同，因此，对土壤环境造成的威胁与危害程度也会不同。所以，土壤环境污染的发生与发展，还取决于污染物的种类及性质。在诸多土壤环境污染物中，直接或潜在威胁最大的是重金属元素和某些化学农药。

第四，土壤环境污染的发生与发展，还受到土壤类型和性质以及土壤生物、栽培作物种类等因素的影响。不同的土壤类型，由于其组成、结构、性质的差异，对同一污染物的缓冲与净化能力就会有所差别。此外，不同的土壤生物种群和栽培作物，对污染物的降解、吸收、残留、积累等均有差异。因此，即使污染物的输入量相同，土壤环境污染的发生与发展速度也有差异。

二、化学农药在土壤环境中的迁移转化

农药在土壤中的迁移转化途径主要有：通过挥发随空气迁移；经淋溶随水扩散迁

移；被土壤中微生物降解；被土壤吸附而残留于土壤中等。

（一）农药随空气和水体迁移

农药在土壤中迁移的速度和方式，决定于农药的性质以及土壤的湿度、温度和土壤的孔隙状况。

（二）农药的降解

农药在土壤中的降解作用包括光化学降解、化学降解和生物降解作用等。光化学降解是指土壤表层受太阳辐射而引起的农药分解。大部分除草剂、DDT 等都能发生光化学降解。化学降解可分为催化反应和非催化反应。非催化反应包括农药的水解、氧化、异构化、离子化等，其中以水解和氧化作用最重要。而农药的生物降解作用使有机农药最终分解为 CO_2 而消失，因而生物降解作用是土壤中农药的最重要的降解过程。土壤微生物的种类繁多，生理特性复杂，各种农药在不同的土壤环境下降解的形式和过程也不同，主要有氧化、还原过程、脱烃过程、水解过程、脱卤过程、芳环羟基化和异构化过程。

三、土壤污染的修复与综合防治

污染土壤修复的目的在于降低土壤中污染物的浓度，固定土壤污染物并将土壤污染物转化成毒性较低或无毒的物质，阻断土壤污染物在生态系统中的转移途径，从而减小土壤污染物对环境、人体或其他生物体的危害。国内对污染土壤修复技术的研究始于 20 世纪 70 年代，当时以农业修复措施的研究为主。随着时间的推移，化学修复和物理修复等其他修复技术的研究也逐渐展开，到 20 世纪末，污染土壤的生物修复技术（包含植物修复技术和微生物修复技术等）的研究也迅速在国内开展起来。但总体而言，我国在土壤修复技术研究的广度和深度上与发达国家还有不小的差距，在工程修复方面的差距更大。

污染土壤修复技术根据其位置变化与否可分为原位修复技术和异位修复技术。原位修复技术指对未挖掘的土壤进行治理的过程，对土壤没有扰动，这是目前欧洲最广泛采用的技术。异位修复技术指对挖掘后的土壤进行处理的过程。按照操作原理，污染土壤修复技术可分为物理修复技术、化学修复技术、生物修复技术和植物修复技术等四大类。其中，生物修复技术具有成本低、处理效果好、环境影响小、无二次污染等优点，发展前景良好。

（一）物理修复技术

物理修复技术作为一大类污染土壤修复技术，近年来在国内外受到了前所未有的重视，也得到了全方位的发展。物理修复技术包括土壤蒸气提取技术、固化/稳定化修复技术、玻璃化技术、热处理技术、电动力学修复技术、稀释和覆土等。

1. 土壤蒸气提取技术

土壤蒸气提取技术它是一种通过布置在不饱和土壤层中的提取，利用真空向土壤导入空气，空气流经土壤时，挥发性和半挥发性有机物随空气进入真空井而排出土壤，土壤中的污染物浓度因而降低的技术。

该技术有时也被称为真空提取技术，属于一种原位处理技术，但在必要时，也可以用于异位修复。适用于去除不饱和土壤中挥发性有机组分污染的土壤，如汽油、苯和四氯乙烯等污染的土壤，也可以用于促进原位生物修复过程。土壤蒸气提取技术的特点是：可操作性强，设备简单，容易安装；对处理地点的破坏很小；处理时间较短，理想的条件下，通常6～24个月即可；可以与其他技术结合使用；可以处理固定建筑物下的污染土壤。该技术的缺点是：很难达到90%以上的去除率；在低渗透土壤和有层理的土壤上有效性不确定；只能处理不饱和带的土壤，要处理饱和带土壤和地下水还需要其他技术。

土壤蒸气提取技术的适用条件及其修复效果，取决于土壤的渗透性和有机污染物的挥发性等因素。土壤的渗透性与质地、裂隙、层理、地下水位和含水量都有关系。质地较细的土壤（黏土和粉砂土）的渗透性较低，而质地较粗的土壤渗透性较高。土壤蒸气提取技术用在砾质土和砂质土上效果较好，用在黏土和壤质黏土上的效果不好，用在粉砂土和壤土上的效果中等。裂隙多的土壤渗透性较高。有水平层理的土壤会使蒸气侧向流动，从而降低了蒸气提取效率。土壤蒸气提取技术不适于处理地下水位高于0.9m的受污染土壤。

2. 固化/稳定化技术

固化/稳定化技术是指通过物理的或化学的作用以固定土壤污染物的一组技术。固化技术指向土壤添加黏结剂而引起石块状固体形成的过程。固化过程中污染物与黏结剂之间不一定发生化学作用，但有可能伴生土壤与黏结剂之间的化学作用。稳定化技术指通过化学物质与污染物之间的化学反应，使污染物转化成为不溶态的过程。稳定化技术不一定会改善土壤的物理性质。在实践上，商用的固化技术包括了某种程度的稳定化作用，而稳定化技术也包括了某种程度的固化作用，两者往往不易区分。固化/稳定化技术采用的黏结剂主要是水泥、石灰、热塑性塑料等，水泥可以和其他黏结剂共同使用。有的学者又基于黏结剂的不同，将固化/稳定化技术分为水泥和混合水泥固化/稳定化技术、石灰固化/稳定化技术和玻璃化固化/稳定化技术三类。

固化/稳定化技术可以被用于处理大量的无机污染物，也适用于部分有机污染物。固化/稳定化技术的优点是：可以同时处理被多种污染物污染的土壤，设备简单，费用较低。其最主要的问题在于这种技术既不破坏也未减少土壤中的污染物，而仅仅是限制污染物对环境的有效性。随着时间的推移，被固定的污染物有可能重新释放出来，对环境造成危害，因此它的长期有效性受到质疑。

固化/稳定化技术既可以原位处理也可以异位处理土壤。进行原位处理时，可以用钻孔装置和注射装置，将修复物质注入土壤，而后用大型搅拌装置进行混合。处理后的土壤留在原地，其上可以用清洁土壤覆盖。有机污染物不易固定化和稳定化，所以原位固化/稳定化技术不适合处理有机污染的土壤。

异位固化/稳定化技术指将污染土壤挖掘出来与黏结剂混合，使污染物固化的过程。处理后的土壤可以回填或运往别处进行填埋处理。许多物质都可以作为异位固化/稳定化技术的黏结剂，如水泥、火山灰、沥青和各种多聚物等。其中，水泥及相关的硅酸盐产品最为常用。异位固化/稳定化技术主要用于无机污染的土壤。

3. 玻璃化技术

玻璃化技术是指使高温熔融的污染土壤形成玻璃体或固结成团的技术。从广义上说，玻璃化技术属于固化技术范畴，土壤熔融后，土壤中污染物被固结于稳定的玻璃体中，不再对环境产生污染，但土壤也完全丧失生产力。玻璃化作用对砷、铅、硒和氯化物的固定效率比其他无机污染物低。该技术处理费用较高，同时还会使土壤彻底丧失生产力，一般用于处理污染特别严重的土壤。玻璃化技术既适用于原位处理，也适用于异位处理。原位玻璃化技术指将电流经电极直接通入污染土壤，使土壤产生1600～2000℃的高温而熔融。经过原位玻璃化处理后，无机金属被结合在玻璃体中，有机污染物可以通过挥发而被去除。处理过程产生的水蒸气、挥发性有机物和挥发性金属，必须设排气管道进行收集并加以处理。原位玻璃化技术修复污染土壤大约需要6～24个月。影响原位修复效果及修复过程的因素有：导体的埋设方式、砾石含量、易燃易爆物质的累积、可燃有机质的含量、地下水位和含水量等。异位玻璃化技术是指将污染土壤挖出，采用传统的玻璃制造技术以热解和氧化或融化污染物以形成不能被淋溶的熔融态物质。加热温度大约1600～2000℃。有机污染物在加热过程中被热解或蒸发，有害无机离子被固定。融化的污染土壤冷却后形成惰性的坚硬玻璃体。

4. 热处理技术

热处理技术就是利用高温所产生的挥发、燃烧、热解等物理或化学作用，将土壤中的有毒物质去除或破坏的过程。热处理技术常用于处理有机污染的土壤和部分重金属污染的土壤。挥发性金属（如汞）尽管不能被破坏，但可以通过热处理技术被去除。最早的热处理技术是一种异位处理技术，原位热处理技术目前正在发展中。

热处理技术可以使用热空气、明火以及可以直接或间接与土壤接触的热传导液体等多种热源。处理有机污染物的热处理系统非常普遍，有些是固定的，有些是可移动的。其中，移动式热处理工厂选址时须满足以下要求：要有$1～2hm^2$的土地安置处理厂和相关设备，存放待处理土壤、处理残余物及其他支持设施（如分析实验室），交通方便，水电和燃油有保证。热处理技术的主要缺点是难以处理黏粒含量高的土壤，处理含水量高的土壤电耗较高。

（1）热解吸技术

热解吸技术包括两个过程：污染物通过挥发作用从土壤转移到蒸气中；以浓缩污染物或高温破坏污染物的方式处理第一阶段产生的废气中的污染物。使土壤污染物转移到蒸气相所需的温度取决于土壤类型和污染物存在的物理状态，通常在150～540℃之间。热解吸技术适用的污染物有挥发及半挥发有机污染物、卤化或非卤化有机污染物、多环芳烃、重金属、氰化物、炸药等，不适用于处理多氯联苯、二噁英、呋喃、除草剂和农药、石棉、非金属及腐蚀性物质等。热解吸技术不适用于处理泥炭土、紧密团聚的土壤和有机质含量高的土壤类型。

20世纪90年代，热解吸技术处理过程主要是先将污染土壤挖掘、过筛、脱水。土壤在热反应器中处理90min（245～260℃），处理后的土壤用水冷却，然后堆置于堆放场。排出的废气先通过纤维筛过滤，然后通过冷凝器除去水蒸气和有机污染物。

（2）焚烧

焚烧是指在高温条件下（800～2500℃），通过热氧化作用破坏污染物的异位热处理技术典型的焚烧系统包括预处理系统、燃烧室、后处理系统等。可以处理土壤的焚烧器有直接或间接点火的燃烧器、液体化床式燃烧器和远红外燃烧器。焚烧效率取决于燃烧室内的温度、废物在燃烧室中的滞留时间和废物的紊流混合程度。大多数有机污染物的热破坏温度在1100～1200℃之间。大多数燃烧器的燃烧区温度在1200～3000℃之间。固体废物滞留时间在30～90min之间，液体废物的滞留时间在0.2～2s之间，紊流混合十分重要，因为它能使废物、燃料和燃气充分混合。焚烧后的土壤要按照废物处置要求进行处置。

5. 电动力学修复技术

电动力学修复技术是指向土壤两侧施加直流电压形成电场梯度，土壤中的污染物在电解、电迁移、扩散、电渗透、电泳等作用的共同影响下，以离子形式向电极附近富集从而被去除的技术。

电迁移是指离子和离子型络合物在外加直流电场的作用下向相反电极的移动。电渗透是指土壤中的孔隙水在电场中从一极向另一极的定向移动。

电泳是指带电粒子或胶体在电场的作用下发生迁移的过程，牢固结合在可移动粒子上的污染物可利用该方法进行去除。

电极是电动力学修复中最重要的设备。适合于实验室研究的电极材料包括石墨、白金、黄金和银。但在田间试验中，可以使用一些由较便宜材料制成的电极，如钛电极、不锈钢电极或塑料电极。可以直接将电极插入湿润的土体中，也可以将电极插入一个电解质溶液体系中，由电解质溶液直接与污染土壤或其他膜接触。较高的电流强度和较大的电压梯度会促进污染物的迁移，一般采用的电流密度是10～100mA/cm²，电压梯度是0.5V/cm。

电动力学技术可以处理的污染物包括重金属、放射性核素、有毒阴离子（硝酸盐、硫酸盐）、氰化物、石油烃（柴油、汽油、煤油、润滑油）、炸药、有机/离子混合污染物、卤代烃、非卤化污染物、多环芳烃等，但最适合电动力学技术处理的污染物是金属污染物。

由于对于砂质污染土壤而言，已经有几种有效的修复技术，所以电动力学修复技术主要是针对低渗透性的黏质土壤。适合电动力学修复技术的土壤应具有如下特征：水力传导率较低、污染物水溶性较高、水中的离子化物质浓度相对较低。正常条件下，离子在黏质土中的迁移能力很弱，但在电场的作用下能得到增强。电动力学技术对低透性土壤（如高岭土等）中的砷、镉、铬、钴、汞、镍、猛、钼、锌、铅的去除效率可以达到85%～95%，但并非对所有黏质土的去除效率都很高。对阳离子交换量及缓冲容量高的黏质土而言，去除效率就会下降。要在这些土壤上达到去除效率，必须使用较高的电流密度、较长的修复时间、较大的能耗和较高的费用。

6. 稀释和覆土

将污染物含量低的清洁土壤混合于污染土壤中，以降低土壤中污染物的含量，称为稀释作用。稀释作用可以降低土壤污染物浓度，因而可能降低作物对土壤污染物的吸收，减小土壤污染物通过农作物进入食物链的风险。

覆土也是客土的一种方式，即在污染土壤上覆盖一层清洁土壤，以避免污染土层中的污染物进入食物链。清洁土层的厚度要足够，以使植物根系不会延伸到污染土层，否则有可能因为促进了植物的生长、增强了植物根系的吸收能力反而增加植物对土壤污染物的吸收。另一种与覆土相似的改良方法就是换土，即去除污染表土，换上清洁土壤。

稀释和覆土措施的优点是技术性比较简单，操作容易。但缺点是不能去除土壤污染物，没有彻底排除土壤污染物的潜在危害；它们只能抑制土壤污染物对食物链的影响，并不能减少土壤污染物对地下水等其他环境部分的危害。这些措施的费用取决于当地的交通状况、清洁土壤的来源、劳动力成本等因素。

（二）化学修复技术

污染土壤的化学修复技术就是利用加入土壤中的化学修复剂与污染物发生一定的化学反应，从而使土壤中的污染物被降解、毒性被去除或降低。根据被污染土壤的特征和土壤中污染物的差异，采用的化学修复手段可以是将液体、气体或活性胶体注入土壤下表层或含水土层。注入的化学修复剂可以是氧化剂、还原剂/沉淀剂或解吸剂/增溶剂。实践中无论是传统的井注射技术，还是现代新创的土壤深度混合和液压破裂技术，目的都是为了将化学物质渗透到土壤表层以下。一般来说，当生物修复法在速度和广度上不能满足污染土壤修复的需要时才考虑选用化学修复技术。相对于其他污染土壤修复技术而言，化学修复技术的发展较早，也相对成熟。目前，化学修复技术主要有土壤淋洗技术、溶剂提取技术、化学氧化修复技术和土壤改良修复技术等。

1. 土壤淋洗技术

土壤淋洗技术是指借助能促进土壤中污染物溶解或迁移作用的淋洗剂（水或酸或碱溶液、螯合剂、还原剂、络合剂以及表面活化剂溶液），通过水压将其注入被污染土壤中，然后再将包含污染物的液体从土层中抽提出来进行分离和污水处理的技术。

土壤淋洗技术适用范围较广，可用来处理有机、无机污染物。目前，土壤淋洗技术主要围绕着用表面活性剂处理有机污染物，用螯合剂或酸处理重金属来修复被污染的土壤。土壤淋洗技术包括原位淋洗技术和异位淋洗技术两种。

原位淋洗技术是指在田间直接将淋洗剂加入污染土壤，经过必要的混合，使土壤污染物溶解进入淋洗溶液，而后使淋洗溶液往下渗透或水平排出，最后将含有污染物的淋洗溶液收集、再处理的过程。原位淋洗技术是为数不多的可以从土壤中去除重金属的技术之一。影响原位淋洗技术有效性的重要因素是土壤的性质，其中最重要的是土壤质地和阳离子交换量。原位淋洗技术适合于粗质地的、渗透性较强的土壤，在这些土壤上容易达到预期目标，淋洗速度快、成本低。质地黏重的、阳离子交换量高的土壤对多数污染物的吸附较强，该技术的去除效果较差且成本较高，难以达到预期目标。原位淋洗技术处理污染土壤有很多优点，如长效性、易操作性、高渗透性、费用合理性，并且适合治理的污染物范围很广，既适合于无机污染物，也适合于有机污染物。其中，用来修复被有机物和重金属污染的土壤是最为实用的。原位淋洗技术的缺点是在去除土壤污染物的同时，也去除了部分土壤养分离子，还可能破坏土壤的结构，影响土壤微生物的活性，从而影响土壤整体的质量。

异位淋洗技术又称土壤清洗技术，是指将污染土壤挖掘出来，用水或其他化学试剂进行清洗，从而使污染物从土壤中分离出来的一种化学处理技术土壤性质严重影响该技术的应用。质地较轻的土壤适合于本技术，黏重的土壤处理起来比较困难，一般认为，黏粒含量超过30%～50%的土壤就不适合本技术。有机质含量高的土壤处理起来也很困难，因为很难将污染物分离出来。土壤清洗技术适用于各种污染物，如重金属、放射性核素、有机污染物等。土壤淋洗已经成为一个广泛采用的、修复效率较高的重金属和有机污染物污染土壤的修复技术。

2. 溶剂提取技术

溶剂提取技术，通常也称为化学浸提技术，是一种利用溶剂将有害化学物质从污染土壤中提取出来使其进入有机溶剂中，然后分离溶剂和污染物的技术。溶剂提取技术属异位处理技术。

溶剂提取技术使用非水溶剂，因此不同于一般的化学提取和土壤淋洗。处理之前首先准备土壤，包括挖掘和过筛；过筛的土壤可能要在提取之前与溶剂混合，制成浆状。是否预先混合取决于具体处理过程溶剂提取技术不取决于溶剂和土壤之间的化学平衡，而取决于污染物从土壤表面转移进入溶剂的速率被溶剂提取出的有机物连同溶剂一起从提取器中被分离出来，进入分离器做进一步的分离。在分离器中由于温度或压力的改变，使有机污染物从溶剂中分离出来。溶剂进入提取器中循环使用，浓缩的污染物被收集起来进一步处理或被弃置。干净的土壤被过滤、干化，可以进三步使用或弃置。干燥阶段产生的蒸气应该收集、冷凝，进一步处理溶剂提取技术适用于挥发和半挥发有机污染物、卤化或非卤化有机污染物、多环芳烃、多氯联苯、二噁英、呋喃、除草剂和农药、炸药等，不适合于氰化物、非金属和重金属、腐蚀性物质、石棉等。受污染的黏质土和泥炭土不宜采用该技术。

在含水量高的污染土壤上使用非水溶剂，可能会导致部分土壤与溶剂的不充分接触。此时需要对土壤进行干燥，因此会提高成本。高有机质含量会降低DDT的提取效率，因为DDT能强烈地被有机物吸附。处理后会有少量的溶剂残留在土壤中，因此溶剂的选择是十分重要的环节。最适合于处理的土壤条件是黏粒含量低于15%，水分含量低于20%。

3. 原位化学氧化修复技术

原位化学氧化技术主要是通过混入土壤的氧化剂与污染物发生氧化反应，使污染物降解成为低浓度、低移动性产物的技术。化学氧化修复技术不需要将受污染土壤全部挖出来，只需在污染区的不同深度钻井，然后通过井中的泵将氧化剂注入土壤，使氧化剂与土壤中的污染物充分接触，发生氧化反应而被分解为无害成分。进入土壤的氧化剂可以从另外一个井内抽提出来。含有氧化剂的废液可以重复使用原位化学氧化修复技术适用于被油类、有机溶剂、多环芳烃、农药以及非水溶性氯化物所污染的土壤。常用的氧化剂是K_2MnO_4、H_2O_2和臭氧（O_3），溶解氧有时也可以作为氧化剂。在田间最常用的是一种加入铁催化剂的氧化剂。加入催化剂可以提高氧化能力，加快氧化反应速率。进入土壤的氧化剂的分散是氧化技术的关键环节。传统的分散方法包括竖直井、水平井、过滤装置和处理栅栏等土壤深层混合和液压破裂等方法也能够对氧化剂进行分散。

原位化学氧化修复技术的优点是可以对污染土壤进行原位治理土壤的修复工作完成后，一般只在污染区留下了水、二氧化碳等无害的化学反应产物。通常，化学氧化技术用来修复处理其他方法无效的污染土壤。

原位化学氧化技术可以用于处理水、沉积物和土壤。从粉砂质到黏质的土壤都可以采用原位化学氧化技术。该技术已经被用于处理挥发性和半挥发性有机污染物污染的土壤。对于遭受高浓度有机污染物污染的土壤，这是一种很有前景的修复技术。

4. 土壤改良修复技术

土壤改良修复技术主要是针对重金属污染土壤而言，部分措施也适用于有机污染的土壤修复。该方法属于原位处理技术，不需要搭建复杂的工程设备，因此，是经济有效的污染土壤修复技术之一。

土壤改良措施包括施用改良剂和调节土壤氧化还原状况等方面。施用改良剂是指直接向污染土壤中施用改良物质以改变土壤污染物的形态，降低其水溶性、扩散性和生物有效性，从而降低它们进入植物体、微生物和水体的能力，减轻对生态环境的危害。这些技术包括向受污染土壤中添加石灰等无机材料、有机物和还原物质（如硫酸亚铁）。尽管向土壤施用改良剂并不能去除其中的污染物，但却能在一定时期内不同程度地固定土壤污染物，抑制其危害性。该技术方法简便，取材容易，费用低廉，是现阶段农村地区控制土壤污染物向食物链及周围环境扩散的一种实用技术。

（1）中性化技术

中性化技术指利用中性化材料（如石灰、钙镁磷肥等）提高酸性土壤的pH值以降低重金属的移动性和有效性的技术。中性化技术在酸性土壤改良方面应用历史悠久，在重金属污染的酸性土壤治理方面也有十分广泛的应用。该法属于原位处理方法，其主要优点是费用低、取材方便、见效快，可接受性和可操作性都比较好。最大缺点是不能从污染土壤中清除污染物，而且其效果可能有一定时间性。需要注意的是，并非所有酸性土壤中的污染物的有效性都会随pH值的升高而降低。以金属污染物为例，铜、铅、锌、镍、镉等元素的有效性随pH值的升高而降低，而部分元素的可溶性和生物有效性随pH值的升高而升高，如砷。由于中性化技术通常要求将土壤pH值提高到中性附近，所以有可能对土壤质量带来负面影响，如土壤结构劣化、板结，降低部分土壤养分的有效性，加速有机质的分解，影响部分作物的正常生长及其品质等。另外，中性化技术在酸性土壤条件下的长期效应也有待进一步验证。

中性化作用的本质在于通过提高酸性土壤的pH值，促使一些金属污染物产生沉淀、降低有效性。因此，中性化作用属于沉淀作用的一种，但沉淀作用还包括中性化作用以外的作用。土壤中的重金属除因pH值的升高而产生沉淀以外，还可能与其他物质形成沉淀，如与钙、镁产生共沉淀，与磷酸根、碳酸根等形成沉淀，与土壤中的硫离子（S^{2-}）形成硫化物沉淀等。在实践上也可以利用这些沉淀作用来抑制土壤中重金属的有效性。

（2）有机改良物料

有机改良剂包括各种有机物料，如植物秸秆、有机肥、泥炭（或腐殖酸）、活性炭等。进入土壤的有机物分解后，大部分以固相有机物的形式存在，少部分以溶解态有机物形式存在，土壤有机质的这两种形态对重金属的有效性有着截然不同的影响，前者主要以吸附形式固定重金属、降低其有效性为主，而后者则以促进重金属溶解、提高有效性为主。有机物料的作用主要包括直接作用和间接作用两方面。直接作用指通过与重金属的配合作用而改变土壤重金属的形态，从而改变其生物有效性；间接作用指通过改变土壤的其他化学条件（如pH值、Eh、微生物活性等）来改变土壤重金属的形态和生物有效性。必须指出的是，有机物料绝对不是在任何情况下都能抑制土壤重金属的有效性。有机物料对土壤重金属形态及有效性的影响十分复杂，其最终效果不仅取决于有机物本身的性质，还取决于金属离子的状况（如重金属元素本身的性质、土壤中的离子浓度、赋存形态等）、土壤理化性状（质地、酸度、氧化还原状况等）、作物的种类及生长状况。有机物料可能抑制土壤重金属的有效性，也可能促进土壤重金属的有效性。有机物料对土壤重金属形态及有效性的影响还可能随时间而变，对比较容易分解的有机物料而言尤其如此。因此，有机物料作为土壤重金属污染的改良剂具有较大的不确定性和可变性，应用时必须根据具体条件灵活处理。有机物料的某些分解产物还可能对植物具有营养作用和生物刺激作用，从而间接影响土壤重金属的生物有效性。有机物料由于被普遍认为是改良土壤肥力、提高作物品质的材料，同时其费用低廉、来源方便，因此具有很好的可接受性和可操作性。

将有机改良方法与中性化技术结合在一起形成的有机-中性化技术，可以克服有机改良和中性化技术单独使用时所具有的不足，取长补短，既能迅速抑制土壤重金属的有效性，又可以减少中性化技术对土壤肥力可能的负面影响，取材方便，费用低廉，可望达到抑污、培肥双重效果，适用于大面积的、污染程度不很严重的酸性重金属污染土壤的治理。该技术如果与植物修复技术相结合，将会有更好的效果。

（3）无机改良物料

除石灰和钙镁磷肥等中性化材料以外，还可以使用其他无机改良剂来降低土壤重金属的有效性，抑制作物对土壤重金属的吸收。常用的无机改良剂包括石灰、钙镁磷肥、沸石、磷肥、膨润土、褐藻土、铁锰氧化物、钢渣、粉煤灰、风化煤等。不同的无机改良剂的作用机理也不同。石灰和钙镁磷肥主要通过提高酸性土壤的 pH 值而降低酸性土壤重金属的活性与生物有效性。钢渣和粉煤灰对土壤重金属形态和有效性的影响，在很大程度上也是通过提高土壤 pH 值而实现的；沸石、膨润土、褐藻土等主要通过对重金属的吸附固定而降低土壤重金属的活性和生物有效性。铁锰氧化物直接作为重金属污染土壤的改良剂的报道较少，但也有一些研究表明铁锰氧化物在改良重金属污染土壤方面可能具有一定的潜力，无机改良剂的作用机理往往是多重的，可能同时包括中性化机制和吸附固定机制。无机改良剂与有机改良剂一样，也具有费用低廉、取材方便、可接受性和可操作性较好的优点。但这些无机材料中的大部分改良效果比较有限，要求的用量比较高。另一个问题是其本身可能含有较高的污染物，如钢渣、粉煤灰和风化煤等本身重金属的含量常常较高，如果大量施用，势必导致新的土壤污染。因此，当考虑采用上述材料时，除了应该针对目的地的污染状况检验其可行性以外，还应严格按照有关废物农用的污染物限量规定，不使用超标的废物，要在确保不对土壤造成新污染的前提下才能使用。

（4）氧化还原技术

有些重金属元素本身会发生氧化态和还原态的转变（如 As、Cr、Hg 等），不同的氧化态有不同的溶解性及不同的生物有效性和毒性有些重金属虽然本身不具有氧化还原状态的变化，但在不同的氧化还原环境中，其溶解性和生物有效性不同。因此在农业上可以利用这种性质，调控土壤重金属的有效性。一般认为，镉污染的土壤可以采用淹水种稻的方法抑制其有效性，而且在种稻期间应尽可能避免落干和烤田。铜污染的土壤也可以采用淹水种稻的方式抑制铜的有效性。但对于土壤有机质含量高的土壤，如果淹水期间土壤 pH 值升得过高，可能会使有效铜含量反而升高，因此要十分注意，不可笼统对待。使用有机物料也可以在一定程度上影响土壤的氧化还原状况，但效果有限。

（三）生物修复技术

生物修复是指利用天然存在的或特别培养的微生物，在可调控的环境条件下将污染土壤中的有毒污染物转化为无毒物质的处理技术生物修复技术取决于生物过程或因生物而发生的过程，如降解、转化、吸附、富集或溶解等其中生物降解是最主要的修复技术。污染物的分解程度取决于它的化学成分、所涉及的微生物和土壤介质的物理化学条件等因素。

生物修复有时又被称为生物处理。其新颖之处在于它精心选择、合理设计操作的环境条件，促进或强化在天然条件下本来发生很慢或不能发生的降解或转化过程。生物修复技术对污染土壤的修复能力主要取决于污染物种类和土壤类型。现有的生物修复技术只限于处理易分解的污染物：单核芳香烃（如苯、甲苯、乙苯、二甲苯）、简单脂肪烃（如矿物油、柴油）和比较简单的多环芳烃，随着技术的发展可处理的有机污染物也将更复杂。生物修复最初用于有机污染物的治理，近年来逐渐向无机污染物的治理领域扩展。

1. 生物修复技术的分类

根据修复过程中人工干预的程度，污染土壤的生物修复技术可分为自然生物修复和人工生物修复两大类。

自然生物修复技术指完全在自然条件下进行的生物修复过程，在修复过程中不进行任何工程辅助措施，也不对生态系统进行调控，靠土壤中原有的微生物发挥作用。自然生物修复要求被修复土壤具有适合微生物活动的条件（如微生物必要的营养物、电子受体、一定的缓冲能力等），否则将影响修复速度和修复效果。

人工生物修复技术则是指当在自然条件下，生物降解速度很低或不能发生时，可以通过补充营养盐、电子受体、改善其他限制因子或微生物菌体等方式，促进生物修复，即人工生物修复。人工生物修复技术依其修复位置情况，又可以分为原位生物修复和异位生物修复两类。

（1）原位生物修复技术

不人为挖掘、移动污染土壤，直接在原污染位向污染部位提供氧气、营养物或接种，以达到降解污染物的目的。原位生物修复可以辅以工程措施。原位生物修复技术形式包括生物通气法、生物注气法、土地耕作法等。

（2）异位生物修复技术

人为挖掘污染土壤，并将污染土壤转移到其他地点或反应器内进行修复。异位生物修复更容易控制，技术难度较低，但成本较高。异位生物修复包括生物反应器型和处理床型两类。处理床技术又可分为异位土地耕作、生物土堆处理和翻动条垛法等。反应器技术主要指泥浆相生物降解技术等。

2. 生物修复技术的特点

与物理的或化学的修复技术相比较，生物修复技术具有如下优点：

第一，可使有机污染物分解为二氧化碳和水，永久清除污染物，二次污染风险小。

第二，处理形式多样，可以就地处理。

第三，原位生物修复对土壤性质的破坏小，甚至不破坏或提高土壤肥力。

第四，降解过程迅速，费用较低。

3. 生物修复主要技术简介

（1）泥浆相生物反应器

溶解在水相中的有机污染物容易被微生物利用，而吸附在固体颗粒表面的则不易被利用，因此将污染土壤制成浆状更有利于污染物的生物降解。泥浆相处理在泥浆反应器中进行，泥浆反应器可以是专用的泥浆反应器，也可以是一般的经过防渗处理的池塘将挖出的土壤加水制成泥浆，然后与降解微生物和营养物质在反应器中混合添加适当的表面活性剂或分散剂可以促进吸附的有机污染物的解离，从而促进降解速度。降解微生物可以是原本存在于土壤的微生物，也可以是接种的微生物。要严格控制条件以利于泥浆中有机污染物的降解。处理后的泥浆被脱水，脱出的水要进一步处理以除去其中的污染物，然后可以被循环使用。

与固相修复系统相比，泥浆反应器的主要优点在于促进有机污染物的溶解，增加微生物与污染物的接触，加快生物降解速度。泥浆相处理的缺点是能耗较大，过程较复杂，因而成本较高；处理过程彻底破坏土壤结构，对土壤肥力有显著影响。泥浆相处理技术适用于挥发和半挥发有机污染物、卤化或非卤化有机污染物、多环芳烃、二噁英、呋喃、除草剂和农药、炸药等。泥炭土不适用于该技术。

（2）生物堆制法

生物堆制法又称静态堆制法。这是一种基于处理床技术的异位生物处理过程，通过使土堆内的条件最优化而促进污染物的生物降解。挖出的污染土壤被堆成一个长条形的静态堆（没有机械的翻动），添加必要的养分和水分于污染土堆中，必要时加入适量表面活性剂或在土堆中布设通气管网以导入水分、养分和空气。管网可以安放在土堆底部、中部或上部。最大堆高可以达到4m，但随着堆高的增加，通气和温度的控制会越加困难。土堆上还可以安装喷淋营养物的管道。处理床底部应铺设防渗垫层以防止处理过程中从床中流出的渗滤液往地下渗漏，可以将渗滤液回灌于预制床的土层上。如果会产生有害的挥发性气体，在土堆上还应该有废气收集和处理设施。温度对生物降解速率有影响，因此季节性的气候变化可能阻碍或提高降解速率。将土堆封闭在温室状的结构中或对进入土堆的空气或水进行加热，可以控制堆温。通气土堆技术适用于挥发性和半挥发性的、非卤化的有机污染物和多环芳烃污染土壤的修复。通气土堆法的优点在于对土壤的结构和肥力有利，可以限制污染物的扩散，减少污染范围。缺点是费用高，处理过程中的挥发性气体可能对环境有不利影响。

（3）土地耕作法

土地耕作法又称为土地施用法，包括原位和异位两种类型。原位土地耕作法指通过耕翻污染土壤（但不挖掘和搬运土壤），补充氧和营养物质以提高土壤微生物的活性，促进污染物的生物降解。在耕翻土壤时，可以施入石灰、肥料等物质，质地太黏重的土壤可以适当加入一些沙子以增加孔隙度，尽量为微生物降解提供良好的环境。采用土地耕作法时氧的补充靠空气扩散作用。该方法简单易行，成本也不高，主要问题是污染物可能发生迁移，原位土地耕作法适用于污染深度不大的表层土壤的处理。

异位土地耕作法是将污染土壤挖掘搬运到另一个地点，将污染土壤均匀撒到土地表面，通过耕作方式使污染土壤与表层土壤混合，从而促进污染物发生生物降解。必要时可以加入营养物质，异位土地耕作法需要根据土壤的通气状况反复进行耕翻作业。用于异位土地耕作的土地要求土质均匀、土面平整、有排水沟或其他控制渗漏和地表径流的方式。可以根据需要对土壤 pH 值、湿度、养分含量等进行调节并进行监测。异位土地耕作法适用于污染深度较大的污染土壤的处理。

土地耕作法的有效性取决于土壤特征、有机物组分特征和气候条件三类因素。要使土壤氧气的进入、养分的分布和水分含量维持在合适的范围内，就必须考虑土壤质地。黏质土和泥炭土不适用于土地耕作法。土地耕作法可用于挥发性、半挥发性、卤化和非卤化有机污染物、多环芳烃、农药和杀虫剂等污染土壤的处理。典型的土地耕作场地都是不覆盖、对气候因素开放的，降雨使土壤的水分超过必需的水分含量，而干旱又使土壤水分低于所需的最小含水量寒冷的季节不适于土地耕作法的进行，如要进行可以对场地进行覆盖。温暖的地区一年四季都可以进行土地耕作法修复。

土地耕作法的优点是设计和设施相对简单、处理时间较短、费用不高、对生物降解速度小的有机组分有效。

（4）翻动条垛法

翻动条垛法是一种基于处理床技术的异位生物处理过程。将污染土壤与膨松剂混合以改善结构和通气状况，堆成条垛。条垛既可以堆在地面上，也可以堆在固定设施上。垛高 1～2m。条垛的地面要铺设防渗底垫以防止渗漏液对土壤的污染。通常需要往土垛中添加木片、树皮或堆肥等物质，以改善条垛内的排水和孔隙状况。还可以设置排水管道以收集渗漏水并使条垛内土壤达到最佳含水量。用机械进行翻堆以提高均匀性，为微生物活动提供新鲜表面，促进排水，改善通气状况，从而促进生物降解翻动条垛法可以用于挥发性、半挥发性、卤化和非卤化有机污染物、多环芳烃等污染土壤的处理。

（5）生物通气法

生物通气法是一种利用微生物以降解吸附在不饱和土层的土壤上的有机污染物的原位修复技术。生物通气法通过将氧气流导入不饱和土层中，增强土壤中细菌的活性，来促进土壤中有机污染物的自然降解。在生物通气过程中，氧气通过垂直的空气注入井进入不饱和层。具体措施是向不饱和层打通气井，用真空泵使井内形成负压，让空气进入预定区域，促进空气的流通。与此同时，还可以通过渗透作用或通过水分通道向不饱和层补充营养物质。处理过程中最好在处理地面上加一层不透气覆盖物，以避免空气从地面进入，影响内部的气体流动。生物通气如发生在土壤内部的不饱和层中，可以通过人为降低地下水位的方法扩大处理范围。

生物通气的目的在于促进好氧降解过程最大化。操作过程中空气的流速比较低，目的在于限制污染物的挥发作用。生物降解和挥发作用之间的最佳平衡取决于污染物的种类、地点条件和处理时间。但无论如何，收集从土壤挥发出来的空气依然是必要的。生物通气法的效果对于土壤含水量的依赖性很强，饱和带土壤的处理首先必须降低地下水位。

生物通气系统通常用于那些挥发速度低于蒸气提取系统要求的污染物。生物通气法最适合于那些中等分子质量的石油污染物（如柴油和喷气燃料）的微生物降解。相对分子质量较小的化合物如汽油等，趋向于迅速挥发并可以通过更快的蒸气提取法而去除。生物通气法不太适用于分子质量更大的化合物（如润滑油），因为这些化合物的降解时间很长，生物通气不是一种有效的选择。

（6）生物注气法

生物注气法又称空气注气法。生物注气法是一种原位修复技术，指通过空气注气井将空气压入饱和层中，使挥发性污染物随气流进入不饱和层进行生物降解，同时也促进饱和层的生物降解。在生物注气过程中，气泡以水平的或垂直的方式穿过饱和层及不饱和层，形成了一个地下的剥离器，将溶解态或吸附态的烃类化合物变成蒸气相而转移。空气注气井通常间歇运行，即在生物降解期大量供应氧气，而在降解停滞期通气量最小。当生物注气法与蒸气提取法联合使用时，气泡携带蒸气相污染物进入蒸气提取系统而被除去。生物注气法适用于被挥发性有机污染物和燃油污染土壤的处理。空气注气法更适用于处理被小分子有机物污染的土壤，对大分子有机物污染的土壤并不适宜。

（四）植物修复技术

植物修复技术指利用植物及其根际微生物对土壤污染物的吸收、挥发、转化、降解、固定作用而去除土壤中污染物的修复技术。植物修复是污染土壤修复技术中发展最快的领域。

1. 植物修复技术的类别及作用机理

一般来说，植物对土壤中的无机污染物和有机污染物都有不同程度的吸收、挥发和降解等修复作用，有的植物甚至同时具有上述几种作用。但修复植物不同于普通植物的地方在于其在某一方面能表现出超强的修复功能，如超积累植物等。根据修复植物在某一方面的修复功能和特点，可将污染土壤修复技术分为植物提取作用，根际降解作用植物降解作用。植物稳定化作用、植物挥发作用等。

（1）植物提取作用

植物提取就是指通过植物根系吸收污染物并将污染物富集于植物体内，而后将植物整体（包括部分根部）收获、集中处置，然后再继续种植以使土壤中重金属含量降低到可接受水平的过程。适于植物提取技术的污染物包括多种金属元素、放射性核素及非金属等。虽然各种植物都可能或多或少地吸收土壤中的重金属，但作为植物提取修复用的植物必须对土壤中的一种或几种重金属具有特别强的吸收能力，即所谓超富集植物。

植物提取土壤重金属的效率取决于植物本身的富集能力、植物可收获部分的生物量以及土壤条件（如土壤质地、土壤酸度、土壤肥力、金属种类及形态等）。超富集植物通常生长缓慢，生物量低，根系浅。因此尽管植物体内金属浓度可以很高，但从土壤中吸收走的金属总量却未必很多，这影响了植物提取修复的效率。为达到预期的净化目标，实际需要种植超富集植物的次数必定很多一所以寻找超富集植物品种资源，通过常规育种和转基因育种筛选优良的超富集植物，就成为植物提取修复的关键环节。优良的超富集植物不仅体内重金属含量要高，生物量也要高，抗逆、抗病虫害能力要强-通过转基因技术培育新的超富集植物也许是今后植物提取修复技术的重要突破点。植物提取修复是目前研究最多且最具发展前景的一种植物修复技术。

（2）根际降解作用

根际降解就是指土壤中的有机污染物通过根际微生物的活动而被降解的过程。根际降解作用是一个植物辅助并促进的降解过程，也是一种就地的生物降解作用。植物根际是由植物根系和土壤微生物之间相互作用而形成的距植物根系仅几毫米到几厘米的独特圈带。根际中聚集了大量的细菌、真菌等微生物和土壤动物，在数量上远远高于非根际土壤，根际土壤中微生物的生命活动也明显强于非根际土壤。根际中既有好氧环境，也有厌氧环境。植物在其生长过程中会产生根系分泌物，这些分泌物可以增加根际微生物群落并促进微生物的活性，从而促进有机污染物的降解。根系分泌物的降解会导致根际有机污染物的共同代谢。植物根系会通过增加土壤通气性和调节土壤水分条件而影响土壤条件，从而创造更有利于本地微生物的生物降解作用的环境。

根际降解作用的优点主要包括：污染物在原地即被分解；与其他植物修复技术相比，植物降解过程中污染物进入大气的可能性较小，二次污染的可能性较低；有可能将污染物完全分解；建立和维护费用比其他措施低。根际降解作用的缺点是：根系的发育需要较长的时间；土壤物理的或水分的障碍可能限制根系的深度；在污染物降解的初期，根际的降解速度高于非根际土壤，但根际和非根际土壤中的最后降解速度或程度可能是相似的；植物可能会吸收许多尚未被研究的污染物；为了避免微生物与植物争夺养分，植物需要额外的施肥；根际分泌物可能会刺激那些不降解污染物的微生物的活性，从而影响降解微生物的活性，植物来源的有机质，而不是污染物，也可以作为微生物的碳源，这样可能会降低污染物的生物降解量。

根际降解作用的机理主要包括好氧代谢、厌氧代谢和腐殖质化作用等过程。

（3）植物降解作用

植物降解作用（又称植物转化作用）指被吸收的污染物通过植物体内代谢而降解的过程，或污染物在植物产生的化合物（如酶）的作用下在植物体外降解的过程。其主要机理是植物吸收和代谢要使植物降解发生在植物体内，化合物首先要被吸收到植物体内。化合物的吸收取决于其憎水性、溶解性和极性。中等疏水的化合物最易被吸收并在植物体内运转，溶解度很高的化合物不易被根系吸收并在体内运转，疏水性很强的化合物可以被根表面结合，但难以在体内运转。植物对有机化合物的吸收还取决于植物的种类、污染物本身的特点及土壤的物化特征。很难对某一种化合物下确切的结论。

植物降解作用的优点是其有可能出现在生物降解无法进行的土壤条件中。其缺点是可能形成有毒的中间产物或降解产物；很难测定植物体内产生的代谢产物，因此污染物的植物降解也难以被确认。

（4）植物稳定化作用

植物稳定化作用指通过根系的吸收和富集、根系表面的吸附或植物根圈的沉淀作用而产生的稳定化作用或利用植物或植物根系保护污染物，使其不因风、侵蚀、淋溶以及土壤分散而迁移的稳定化作用。

植物稳定化作用主要通过根际微生物活动、根际化学反应、污染物的化学变化而起作用。根系分泌物或根系活动产生的 CO_2 会改变土壤 pH 值，植物固定作用可以改变金属的溶解度和移动性或影响金属与有机化合物的结合，受植物影响的土壤环境可以将金属从溶解状态变为不溶解状态。植物稳定化作用可以通过吸附、沉淀、络合或金属价态的变化而实现。结合于植物木质素之上的有机污染物可以通过植物木质化作用而被植物固定。在严重污染的土壤上种植抗性强的植物以减少土壤的侵蚀，防止污染物向下淋溶或往四周扩散。这种固定作用常被用于废弃矿山的植被重建和复垦。

植物稳定化作用的优点是不需要移动土壤，费用低，对土壤的破坏小，植被恢复还可以促进生态系统的重建，不要求对有害物质或生物体进行处置。其缺点是污染物依然留在原处，可能要长期保护植被和土壤以防止污染物的再释放和淋洗。

（5）植物挥发作用

植物挥发作用是指污染物被植物吸收后，在植物体内代谢和运转，然后以污染物或改变了的污染物形态向大气释放的过程。在植物体内，植物挥发过程可能与植物提取和植物降解过程同时进行并互相关联。植物挥发作用对某些金属污染的土壤有潜在修复效果。目前研究最多的是汞和硒的植物挥发作用，砷也可能产生植物挥发作用，某些有机污染物也可能产生植物挥发作用。

在土壤中，Hg^{2+} 在厌氧细菌的作用下可以转化为毒性很强的甲基汞。一些细菌可以将甲基汞和离子态汞转化成毒性小得多的可挥发的元素汞，这是降低汞毒性的生物途径之一。许多植物可从土壤中吸收硒并将其转化成可挥发状态。根际细菌不仅能促进植物对硒的吸收，还能提高硒的挥发率。

植物挥发作用的优点是污染物可以被转化成为毒性较低的形态；向大气释放的污染物或代谢物可能会遇到更有效的降解过程而进一步降解，如光降解作用。植物挥发作用的缺点是污染物或有害代谢物可能累积在植物体内，随后可能被转移到果实等其他器官中；污染物或有害代谢物可能被释放到大气中。

这一方法的适用范围很小，并且有一定的二次污染风险，因此它的应用有一定限制。

2.植物修复技术的优点和局限

污染土壤植物修复技术的优点很多，主要包括：可以将污染物从土壤中去除，永久解决土壤污染问题；修复植物的稳定作用可以固土，防止污染土壤因风蚀或水土流失而产生污染扩散问题；修复植物的蒸腾作用可以防止污染物对地下水的二次污染；植物修复不仅对修复场地的破坏小，对环境的扰动小，而且还具有绿化环境的作用，可减少来自公众的关注与担心；植物修复一般还会提高土壤的肥力；植物修复依靠植物的新陈代谢活动来治理污染土壤，技术操作比较简单，是可靠的、环境相对安全的技术；植物修复能耗和成本较低，可以在大面积污染土壤上使用。

植物修复技术的局限性主要体现在：一种植物往往只是吸收一种或两种重金属元素，对土壤中其他含量较高的重金属则表现出某些中毒症状，从而限制了该技术在多种重金属污染土壤治理方面的应用前景；修复植物对土壤肥力、气候、水分、盐度、酸碱度、排水与灌溉系统等自然和人为条件有一定的要求；用于清洁重金属的超累积植物通常矮小、生物量低、生长缓慢、生长周期长，因而修复效率低，不易机械化作业；植物修复的周期相对较长，因此，不利气候或不良的土壤环境都会间接影响修复效果。

四、污染土壤修复技术的选择原则

在选择污染土壤修复技术时，必须综合考虑修复目的、社会经济状况、修复技术的可行性等方面。就修复目的而言，有的修复是为了使污染土壤能够安全地再利用，而有的修复则只是为了限制土壤污染物对其他环境组分（如水体和大气等）的污染，并不考虑修复后能否再被农业利用。不同的修复目的可以选用的修复技术不同，就社会经济状况而言，有的修复工作可以在充足的经费支持下进行，此时可供选择的修复技术就比较多；有的修复工作只能在有限经费支持下进行，这时候可供选择的修复技术就很有限。土壤是一个高度复杂的体系，任何修复方案都必须根据当地的实际情况而定，不可完全照搬其他国家、地区或其他土壤类型的修复方案。因此在选择修复技术和制定修复方案时应考虑如下原则：

（一）耕地保护原则

我国地少人多，耕地资源短缺，保护有限的耕地资源是头等大事。在进行修复技术选择时，应尽可能选用对土壤肥力负面影响小的技术，如植物修复技术、生物修复技术、电动力学技术、稀释、客土、冲洗技术等。有些技术处理后使土壤完全丧失生产力，如加玻璃化技术、热处理技术、固化技术等，只能在污染十分严重、迫不得已的情况下采用。

（二）可行性原则

修复技术的可行性主要体现在两个方面：一是经济方面的可行性，二是效应方面的可行性。所谓经济方面的可行性，即指成本不能太高，在我国农村现阶段能够承受、可以推广。部分发达国家目前实施的成本较高的技术，在我国现阶段恐难以实施。所谓效应方面的可行性，即指修复后能达到预期目标，见效快。一些需要很长周期的修复技术，必须在土地能够长期闲置的情况下才能实施。

（三）因地制宜原则

土壤污染物的去除或钝化是一个复杂的过程。要达到预期的目标，又要避免对土壤本身和周边环境的不利影响，对实施过程的准确性要求就比较高。不能简单搬用国外的或国内不同条件下同类污染处理的方式。在确定修复方案之前，必须对污染土壤做详细的调查研究，明确污染物种类、污染程度、污染范围、土壤性质、地下水位、气候条件等，在此基础上制定初步方案。一般应对初步方案进行小区预备研究，根据预备研究的结果，调整修复方案，再实施面上修复。

第四节　土壤生态保护与土壤退化的防治

一、土壤生态系统

土壤生态系统是指地球陆地地表一定地段的土壤生物与土壤及其他环境要素之间的相互作用、相互制约，并趋向于生态平衡的相对稳定的系统整体。它是具有一定组成、结构和功能的基本单位。

土壤生态系统中的生物组成部分，根据其在系统内物质与能量迁移转化中的作用，可分为第一性生产者、消费者及分解者。第一性生产者主要是指含有叶绿素能利用太阳辐射能和光能合成有机质的高等绿色植物；消费者是以生物有机体为食的异养性生物，包括土壤动物在内的所有食草动物和食肉动物；分解者则是土壤中依靠分解有机质维持生命的土壤微生物群。土壤生态系统的结构可依据地表和土壤环境条件的差异，以及与此相关联的生物群体及其作用划分为垂直与水平结构。如，土壤生态系统的垂直结构可分为以下三个主要层次：①地上生物群体层及地表绿色植物（包括乔木、灌木、草本植物等）组成的生物群体，是进行光合作用的主要场所；②土被生物群落层，它是土壤生物群体（土壤动物、微生物、藻类等）的主要聚积层，是土壤有机质分解转化最活跃的层次；③土被底层与风化壳生物群体层，该层中生物群体剧减，生物有机体少，是生态系统矿质元素补给基地。而土壤生态系统的功能则主要表现在运行于系统中的能量流、物质流和信息流等以维持土壤生态系统的生存、平衡和发展。

土壤生态系统平衡系指当系统的能量和物质输入、输出较均衡的情况下，系统中第一性生产者、消费者和分解者以及诸生物体与无机环境间都保持着相对稳定的平衡状态。但这只是一种动态平衡，若从外界环境不断输入土壤生态系统的能量流和物质流发生变化，必然引起土壤生态系统的成分、性质、结构与功能发生相应的改变；反之，当土壤生态系统向外界环境输出能量和物质流的变化，也会使陆地生态系统整体组成、结构和功能发生改变。两者相互促进，因此从生态角度，对土壤生态系统加以保护，防止土壤生态退化，对于农业生态系统以至全球陆地生态系统均具有非常重要的意义。

二、土壤退化及其成因

土壤退化即土壤衰退，又称土壤贫瘠化，是指土壤肥力衰退导致生产力下降的过程，也是土壤环境和土壤理化性状恶化、土壤生态遭受破坏的综合表征。土壤退化包括土壤有机质含量下降、营养元素减少，土壤结构遭到破坏，土壤侵蚀、荒漠化、盐渍化、酸化、沙化等。其中有机质下降是土壤退化的主要标志。在干旱、半干旱地区，由于原来稀疏的植被受到破坏，致使土壤沙化是严重的土壤退化现象。土壤退化既有着复杂的自然背景和原因（如全球环境变化，特别是全球气候变化），也有着人为活动影响的诸多直接和间接的原因（如土壤的不合理利用）。而社会经济的发展，人口的持续增长，又增加了土壤的压力。如过度放牧和耕种、大量砍伐森林、破坏植被而导致的水土流失以及大量排放污染物等都是造成土壤退化的原因。

三、土壤退化的类型及其防治

我国是土壤退化严重的国家和地区之一，如受水土流失危害的耕地面积占我国耕地总面积的三分之一；荒漠化土地面积约占我国土地总面积的8%。

（一）荒漠化和沙化

荒漠化是指因气候干旱或人为的不合理利用，如过度放牧、滥垦、灌溉不当及其他社会经济建设和开发活动，而使地表植被遭到破坏或覆盖度下降。风力侵蚀、土表或土体盐渍化加重等均属荒漠化表征。沙漠化和沙化是荒漠化最具代表性的表征之一。荒漠化和沙化主要发生在干旱、半干旱以至半湿润和滨海地区。防治荒漠化主要措施有控制农垦、防止过度放牧、因地制宜营造防风固沙林、建立生态复合经营模式等。

（二）土壤侵蚀（或水土流失）

土壤侵蚀系指主要在水、风等营力作用下，土壤及其疏松母质（特别是表土层）

被剥蚀、搬运、堆积（或沉积）的过程。根据其营力作用，又将土壤侵蚀分为水蚀和风蚀两大类型。土壤侵蚀不仅使肥沃表土层减薄，养分流失，蓄水保水能力减弱，最终将使表土层直至全部土层被侵蚀，成为贫瘠的母质层，甚至成为岩石裸露的不毛之地土壤侵蚀还使区域生态恶化，影响河流水质和水库的寿命。因而，土壤侵蚀也是一个全球规模的危害严重的土壤退化问题。防治土壤侵蚀的措施有：因地制宜开展植树造林，植灌和植草与自然植被保护和封山育林相结合；生物措施与工程措施相结合；水土保持与合理的经济开发相结合，并以小流域为治理单元逐步进行综合治理。根据我国《水土保持法》，凡坡度不小于25°的山地丘陵坡地严禁开垦，对已开垦的要逐步退耕还林还牧。对其他坡地要实行坡地梯田及等高种植等行之有效的防治土壤侵蚀的措施。

（三）土壤盐渍化或盐碱化

土壤盐渍化或盐碱化作为一种土壤退化现象，系指由于自然的或人为的原因，使地下潜水水位升高、矿化度增加、气候干旱、蒸发增强而导致的土壤表层盐化或碱化过程增强，表层盐渍度或碱化度加重的现象。它主要发生在干旱、半干旱、半湿润和滨海平原的洼地区。实际上包括盐化土与盐土、碱化土与碱土两种盐碱土类型。盐化土与盐土指可溶性盐类（氯化物、硫酸盐、重碳酸盐和碳酸盐类）在土壤表层的积聚过程，当易溶盐类在土壤表层（$0\sim20cm$）累积量达到影响或危害作物生长发育时（0.2%），便称其为盐化土。当表土层含盐量达到1%时，严重危害作物，使其严重减产，甚至绝收，称之为盐土。而另一类碱化土和碱土的表土层含盐量并不高，但土壤胶体上的吸附性钠离子超过一定量（不小于5%吸附性阳离子总量），称为碱化土；吸附性钠离子与吸附性阳离子的总量比值不小于20%，称为碱土。吸附性钠离子含量较高的土层称碱化层，碱化层的pH值可达9或9以上。碱化层湿时黏重，干时坚硬，物理性状极差。

次生盐渍化是指在人为活动影响下，如灌溉、水库和渠道渗漏使灌区和邻近地区地下潜水水位升高到临界深度以上，使非盐碱土变为盐碱土，或使原生盐碱土盐渍化加重。次生盐渍化在全球范围内也是相当重要的土壤退化现象。

盐碱土和次生盐渍化的防治措施有：实施合理的灌溉排水制度；调控地下水位，精耕细作；多施有机肥；改善土壤结构；减少地表蒸发；选择耐盐碱作物品种。此外，对碱土增施石膏等，不但可防治次生盐渍化，而且发挥盐碱土资源的潜力，扩大农用土地面积，改善盐碱地区的生态环境。

（四）土壤沼泽化或潜育化

土壤沼泽化或潜育化是指土壤上部土层1m内，因地表或地下长期处于浸润状态下，土壤通气状况变差，有机质因不能彻底分解而形成一灰色或蓝灰色潜育土层，称为沼泽化或潜育化，它是常发生于我国南方水稻种植地区的土壤退化现象。此外，当森林植被被砍伐或火灾之后，森林植被的蒸腾作用消失，因而破坏了地表的水分平衡，同时使地表温度增高，加速了冻土层的融化，导致次生沼泽化。土壤沼泽化降低了有机质的转化速度，使土壤中还原性有害物质增加，土壤湿度降低、通气性差，土壤微生物活性减弱等。

防治土壤沼泽化的途径，应首先从生态环境治理入手，如开沟排水、消除渍害；其次，多种经营，综合利用，因地制宜。其治理模式有稻田—水产养殖系统；水旱轮作；合理施用化肥，多施磷、钾、硅肥。

（五）土壤酸化

土壤酸化系指由于人为活动使土壤酸度增强的现象，叫作土壤酸化。土壤中酸性物质可来源于：①长期施用酸性化肥；②酸性矿物的开采，如黄铜矿（CuS）废弃物的污染；③化石燃料（如煤、石油）燃烧排放的酸性物质（SO_2、NO_x），通过干、湿沉降进入土壤环境而产生的土壤酸化，其影响范围正在我国和全球逐步扩大，成为全球性环境问题。

土壤酸化的结果，首先是导致土壤溶液中 H^+ 浓度增加，土壤 pH 值下降，继而增强了钙、镁、磷等营养元素的淋溶作用；其次，随着溶液中 H^+ 数量增加，H^+ 开始交换吸附性 Al^{3+} 等，而使 Al^{3+} 等重金属离子的活性和毒性增加，导致土壤生态环境恶化。

对土壤酸化要针对原因进行防治，对施酸性肥料引起的酸化，要合理施肥，不偏施酸性化肥；对因矿山废弃物而引起的土壤酸化，要采取妥善处理尾矿，消灭污染源，以及施石灰中和等措施；对因酸沉降而引起的土壤酸化，要从根本上控制酸性物质的排放量，即控制污染源。对酸化土壤的重要改良措施是施加石灰、中和其酸性和提高土壤对酸性物质的缓冲性；水旱轮作、农牧轮作也是较好的生态恢复措施。

土壤退化类型除上述外，还有因固体废弃物堆积、非农业占用耕地、植被退化等而导致的土壤退化等。防治土壤退化的最重要的途径，是因地制宜地建立不同类型、不同规模的生态农业，形成农林牧副渔全面发展的格局。

第六章　环境规划与管理

第一节　环境管理

环境管理是在环境保护的实践工作中产生和发展起来的，通常包含两层含义，一是将环境管理作为一门学科来看，即环境管理学。它是环境科学和管理科学交叉渗透的产物，是一门研究环境管理最一般规律的科学，它研究的是正确处理自然生态规律与社会经济规律对立统一关系的理论和方法，以便为环境管理提供理论和方法上的指导。二是将环境管理作为一个工作领域，是环境管理学在环境保护工作中的具体运用，是政府环境行政管理部门的一项主要职能。

一、环境管理的概念与特点

（一）环境管理的概念

环境管理概念的形成与发展是同人们对于环境问题的认识过程联系在一起的。最初，人们把环境问题作为一个技术问题，认为依靠科学技术就可以解决，这个时期环境管理实质就是污染治理。实践证明，这一时期的工作没有从产生环境问题的根源入手，从而没能从根本上解决环境问题。20世纪70年代末到90年代初，人们开始认识到酿成各种环境问题的原因在于经济活动中环境成本的外部化。因此，这一时期把环境问题作为经济问题，开始设法将环境成本内在化到产品成本中去，以经济刺激为主要管理手段，用收费、税收、补贴等经济手段以及法律的、行政的手段进行环境管理，并被认为是最有希望解决环境问题的途径。但大量实践表明，这一阶段仍然不能从根本上解决环境问题。

根据学术界对环境管理的认识，环境管理可概括为："依据国家的环境政策、法规、标准，从综合决策入手，运用技术、经济、法律、行政、教育等手段，对人类损害环境质量的活动施加影响，通过全面规划，协调发展与环境的关系，达到既发展经济满足人类的基本需要，又不超过环境的容许极限"。

（二）环境管理的特点

1. 综合性

环境管理的内容涉及土壤、水、大气、生物等各种环境因素，环境管理的领域涉及经济、社会、政治、自然、科学技术等方面，环境管理的范围涉及国家的各个部门，环境管理的手段包括行政的、法律的、经济的、技术的和教育的手段等，所以环境管理具有高度的综合性。开展环境管理必须从综合决策入手，综合协调、综合管理。

2. 区域性

环境问题与地理位置、气候条件、人口密度、资源蕴藏、经济发展、生产布局以及环境容量等多方面的因素有关，所以环境管理具有明显的区域性。这些特点要求环境管理采取多种形式和多种控制措施，不能盲目照搬其他地区先进的管理经验，必须根据区域环境特征，有针对性地制定环境保护目标和环境管理地对策措施，以地区为主进行环境管理。

3. 广泛性

每个人都在一定的环境中生活，人们的活动又作用于环境，环境质量的好坏，同每一个社会成员有关，涉及每个人的切身利益。所以环境保护不只是环境专业人员和专门机构的事情，开展环境管理需要社会公众的广泛参与和监督，要广大公众的协同合作，才能成功地解决环境问题。

二、环境管理的基本职能

环境管理是国家机关的一种基本职能，它是国家机关对政治、经济、文化、外交、科学教育等各个社会领域行使管理职能的一个组成部分。环境管理的目的是协调社会经济发展与保护环境的关系，使人类具有一个良好的生活、劳动环境，使经济得到长期稳定的增长。环境管理部门的职能就是运用规划、组织、协调、监督、检查、研究、支持等各种方式去推动环境保护事业的发展，实现环境管理目标。

关于环境管理的基本职能，根据我国的国情和环境保护工作实践，曾提出过"三职能说"即规划、协调、监督检查；随着环境保护事业的发展，又提出了"四职能说"即规划、协调、指导（服务）、监督。在联合国环境与发展大会以后，原国家环保总局局长解振华根据我国的国情指出环境管理的基本职能是宏观指导、统筹规划、组织协调、提供服务、监督检查。

（一）宏观指导

宏观指导是环境管理的一项重要职能。它通过制定和实施环境保护战略对地区、部门、行业的环境保护工作进行指导，包括确定战略重点、环境总体目标（战略目标）、总量控制目标、制定战略对策。通过制定环境保护的方针、政策、法律法规、行政规章及相关的产业、经济、技术、资源配置等政策，对有关环境及环境保护的各项活动进行规范、控制、引导。

（二）统筹规划

环境规划是环境决策在时间和空间上的具体安排，是政府环境决策的具体体现，在环境管理中起着指导作用。它的首要任务是研究制定区域宏观环境规划并在此基础上制定和实施专项详细环境规划，通过规划来调整资源、人口、经济与环境之间的关系，控制污染，保护和改善生态环境，促进经济与环境协调发展。

（三）组织协调

即将各地区、各部门、各方面的环境保护工作有机地结合起来，通过协调，减少相互脱节和矛盾，以相互沟通、分工合作、统一步调，共同实现环境保护目标要求。组织协调包括战略协调、政策协调、技术协调和部门协调。

（四）提供服务

环境管理以经济建设为服务中心，为推动地区、部门、行业的环境保护工作提供服务。包括提供技术指导、建立环境信息咨询和环保市场信息服务。

（五）监督检查

对地区和部门的环境保护工作进行监督检查是根据国家有关法律赋予环境保护行政主管部门的一项权力，也是环境管理的一项重要职能。在《中国环境与发展十大对策》第九条中强调：各级党政领导要支持环境管理部门依法行使监督权力，做到"有法必依，执法必严，违法必究"。环境管理的监督检查职能主要包括：环境保护法律法规执行情况的监督检查，制定和实施环境保护规划的监督检查，环境标准执行情况的监督检查，环境管理制度执行情况的监督检查以及自然保护区建设和生物多样性保护的监督检查等。

环境监督检查工作中最重要的任务是健全环境保护法规和环境标准，环境法规、环境标准和环境监测是环境管理部门执行监督检查职能的基本依据。三者缺一不可。

三、环境管理地对象、内容和手段

（一）环境管理地对象

环境管理是运用各种手段调整人类社会作用于环境的行为，对人类的社会经济活动进行引导并加以约束，使人类社会经济活动与环境承载力相适用，实现社会的可持续发展。因此，环境管理地对象应该是人类社会的环境行为，具体可分为公众行为、企业行为和政府行为。

1. 公众行为

需要是人的行为的原动力，个体的人为了满足自身生存和发展的需要，通过生产劳动或购买去获得用于消费的物品和服务。例如，农民将自己种植的部分粮食、蔬菜用于消费，以满足自己及家庭成员的基本生存需要，城市居民从市场中购买物品以满足需要等。当人们在消费这些物品的过程中或在消费以后，将会产生各种负面影响。如对消费品进行清洗、加工处理过程中会产生生活垃圾，在运输和保存消费品时会产生包装废物，在消费品使用后，迟早也成为废物进入环境。

由于公众的消费行为会对环境造成不良影响，因此公众行为是环境管理的主要对象之一。为此必须唤醒公众的环境意识，改变传统的价值观和消费观，提倡节俭消费、绿色消费。同时还要采取各种技术和管理措施，最大限度地降低消费过程中对环境的影响。总之，在市场经济条件下，可以运用经济刺激手段和法律手段，引导和规范消费者的行为，建立合理的绿色消费模式。

2. 企业行为

企业作为社会经济活动的主体，其主要目标通常是通过向社会提供物质性产品或服务来获得利润。在生产过程中，他们从自然界索取自然资源，作为原材料投入生产活动中，同时排放出一定数量的污染物。因此，企业的生产活动对环境系统的结构、状态和功能均有极大的负面影响。原材料的采集，直接改变了环境的结构，进而影响到环境的功能，比如为了满足造纸的需要，森林被过度砍伐，导致森林生态系统功能的丧失；生产过程中产生的废气、废水、废渣，对人体健康和生态系统均有极大的危害。由此可见，企业行为是环境管理中又一个重要的管理对象。要控制企业对环境产生的不良影响，就必须制定严格的环境标准，限制企业的排污量，禁止兴建高消耗、重污染的企业，运用各种经济刺激手段，鼓励清洁生产，发展高科技无污染、少污染与环境友好的企业等。

3. 政府行为

政府行为是人类社会最重要的行为之一，政府作为社会行为的主体，为社会提供公共消费品和服务，如供水、供电等，这种情况在世界范围内具有普遍性；作为投资者为社会提供一般的商品和服务，这在我国比较突出；掌握国有资产和自然资源的所有权，以及对自然资源开发利用的经营和管理权；对国民经济宏观调控和引导，其中包括政府对市场的政策干预。

政府的行为同样会对环境产生这样或那样的影响。其中特别值得注意的是宏观调控对环境所产生的影响具有极大的特殊性，既牵涉面广、影响深远，又不易察觉。政府行为对环境的影响是复杂的、深刻的，既可以有重大的正面影响，也可能有巨大的难以估计的负面影响。要防止和减轻政府行为所造成和引发的环境问题，关键是促进宏观决策的科学化，并注意决策的民主化和政府施政的法制化。

（二）环境管理的内容

环境管理所面对的是整个社会经济—自然环境系统，着力于对损害环境质量的人的活动施加影响，协调发展与环境的关系，因此环境管理涉及的范围广，内容也非常丰富。环境管理的内容可以从不同角度来划分。

1. 根据环境管理的范围划分

（1）资源环境管理

资源环境管理是依据国家资源政策，以自然资源为管理对象，以保证资源的合理开发和持续利用。包括可再生资源的恢复与扩大再生产，以及不可更新（再生）资源的节约利用和替代资源的开发，如土地资源管理、水资源管理、生物资源管理等。

（2）区域环境管理

区域环境管理是以特定区域为管理对象，以解决区域内环境问题为内容的一种环境管理。主要指协调区域社会经济发展目标和环境目标，进行环境影响预测，制定区域环境规划并保证环境规划的实施。包括国土的环境管理，省、自治区、直辖市的环境管理以及流域环境管理等。

（3）部门环境管理

部门环境管理是以具体的单位和部门为管理对象，以解决该单位或部门内部的环境问题为内容的一种环境管理。部门环境管理包括能源环境管理、工业环境管理、农业环境管理、交通运输环境管理、商业医疗卫生等部门的环境管理。

2. 根据环境管理的性质划分

（1）环境计划管理（规划管理）

环境计划管理是依据规划或计划而开展的环境管理，也称为环境规划管理，主要是把环境目标纳入发展计划，以制定各种环境规划和实施计划，并对环境规划的实施情况进行监督和检查，再根据实际情况修正和调整环境保护年度计划方案，改进环境管理对策和措施。包括：整个国家的环境规划、区域或水系的环境规划、城市环境规划等。

（2）环境质量管理

环境质量管理是为了保持人类生存与健康所必需的环境质量而进行的各项管理工作。包括环境标准的制定，环境质量及污染源的监控，环境质量变化过程、现状和发展趋势的分析评价以及编写环境质量报告书等。

（3）环境技术管理

通过制定技术政策、技术标准、技术规程以及对技术发展方向、技术路线、生产工艺和污染防治技术进行环境经济评价，以协调经济发展与环境保护的关系。包括两方面的内容：一是制定恰当的技术标准、技术规范和技术政策；二是限制在生产过程中采用损害环境质量的生产工艺，限制某些产品的使用，限制资源的不合理开发使用，通过这些措施，使生产单位采用对环境危害最小的技术，促进清洁工艺的发展，促进企业的技术改造与创新。

（4）环境监督管理

环境监督管理是运用法律、行政、技术等手段，根据环境保护的政策、法律法规、环境标准、环境规划的要求，对各地区、各部门、各行业的环境保护工作进行监察督促，以保证各项环保政策、法律法规、标准、规划的实施。

应该指出，环境管理内容的划分，只是为了研究问题的方便。事实上，各类环境管理的内容是相互交叉、渗透的关系。如城市环境管理中又包括环境质量管理、环境技术管理等内容。

（三）环境管理的手段

1. 行政手段

行政手段主要指国家和地方各级行政管理机关，根据国家行政法规所赋予的组织和指挥权力，是环境保护部门经常大量采用的手段。主要是研究制定环境方针、政策，建立法规，颁布标准，进行监督协调，对环境资源保护工作实施行政决策和管理；组织制定和检查环境计划；运用行政权力对某些区域采取特定措施，如将某些地域划为自然保护区、重点治理区、环境保护特区；对某些危害环境严重的工业、交通、企业要求限期治理或勒令停产、转产或搬迁；对易产生污染的工程设施和项目，采取行政制约手段，如审批环境影响报告书、发放与环境保护有关的各种许可证；审批有毒有害化学品的生产、进口和使用；管理珍稀动植物物种及其产品的出口、贸易事宜；对重点城市、地区、水域的防治工作给予必要的资金或技术帮助等。

2. 法律手段

法律手段是环境管理强制性措施，按照环境法规、环境标准来处理环境污染和破坏问题，是保障自然资源合理利用，并维护生态平衡的重要措施。主要有对违反环境法规、污染和破坏环境、危害人民健康、财产的单位或个人给予批评、警告、罚款或责令赔偿损失，协助和配合司法机关对违反环境保护法律的犯罪行为进行斗争、协助仲裁等。

3. 经济手段

经济手段是指利用价值规律，运用价格、税收、补贴、信贷等货币或金融手段，引导和激励生产者在资源开发中的行为，促进社会经济活动主体节约和合理利用资源，积极治理污染。经济手段是环境管理中的一种重要措施，如在环境管理过程中采取的污染税、排污费、财政补贴、优惠贷款等都属于环境管理中的经济手段。

4. 环境教育

环境教育是环境管理不可缺少的手段。主要是通过报纸杂志、电影电视、展览会、报告会、专题讲座等多种形式，向公众传播环境科学知识，宣传环境保护的意义以及国家有关环境保护和防治污染的方针、政策等。通过环境教育提高全民族的环境意识，激发公民保护环境的热情和积极性，把保护环境变成自觉行动，从而制止浪费资源、破坏环境的行为。环境教育的形式包括基础教育、专业教育和社会教育。

5. 技术手段

技术手段是指借助那些既能提高生产率，又能把对环境污染和生态破坏控制到最小限度的技术以及先进的污染治理技术等来达到保护环境目的的手段。技术手段种类很多，如推广和采用清洁生产工艺，因地制宜地采用综合治理和区域治理技术；交流国内外有关环境保护的科学技术情报；组织推广卓有成效的管理经验和环境科学技术成果；开展国际间的环境科学技术合作等。

四、环境管理理论的形成与发展

（一）当代环境管理思想和理论学派

1. 蕾切尔·卡逊和《寂静的春天》

《寂静的春天》这本书是美国海洋生物学家蕾切尔·卡逊在遍阅了美国官方和民间关于使用杀虫剂造成危害情况的报告基础上写成的。卡逊以翔实的资料和生动的笔法描述了以DDT为代表的杀虫剂的广泛使用，给我们的环境所造成的巨大的、难以逆转的危害，通过充分的科学论证，表明这种由杀虫剂所引发的情况实际上就正在美国的全国各地发生，破坏了从浮游生物到鱼类到鸟类直至人类的生物链，使人患上慢性白细胞增多症和各种癌症。所以像DDT这种"给所有生物带来危害"的杀虫剂，"它们不应该叫做杀虫剂，而应称为杀生剂"。不仅如此，卡逊还尖锐地指出，环境问题的深层根源在于人类对于自然的傲慢和无知。因此，她呼吁人们要重新端正对自然的态度，重新思考人类社会的发展道路问题。

《寂静的春天》一问世即引起了很大的争议，它那惊世骇俗的关于农药危害人类环境的预言，强烈震撼了社会广大民众，同时也受到与之利害攸关的生产与经济部门的猛烈抨击。作为一个学者与作家，卡逊所遭受的诋毁和攻击是空前的，但她所坚持的思想终于为人类环境意识的启蒙点燃了一盏明亮的灯。《寂静的春天》被公认是20世纪最具影响力的书籍之一。

2. 罗马俱乐部和《增长的极限》

罗马俱乐部是一个非正式的国际协会，被称为"无形的学院"，其宗旨是要促进人们对全球系统各部分——经济的、自然的、政治的、社会的组成部分的认识，促进制定新政策和行动。

20世纪70年代，一份由罗马俱乐部提出的名为《增长的极限》的报告的出版，震惊了整个世界。这份报告依据计算机模型模拟的方法，通过对关乎世界未来的五大因素——世界人口、工业化、环境污染、粮食生产和资源消耗的趋势发展研究，得出震撼整个世界的结论："人类如果不改变现今的生活方式和生产方式，而是按照既有的趋势继续下去，这个星球上增长的极限将会在100年内发生。"该书还指出"改变这种增长趋势和建立稳定的生态和经济的条件，以支撑遥远未来是可能的"，而且，"为达到这种结果而开始工作得愈快，他们成功的可能性就愈大"。"零增长"是罗马俱乐部发展观的核心。

尽管理论界对此仍有争议，有人甚至写过一本《没有极限的增长》来进行反驳，但《增长的极限》从公开发表以来，所提出的人口问题、粮食问题、资源问题和环境污染问题，越来越引起世界的关注。书中的观念和观点对当时西方发达国家陶醉于高增长、高消费的"黄金时代"状况提出了惊世骇俗的警告，它的论证为后来的环境保护与可持续发展的理论奠定了基础。

3. 宇宙飞船经济理论

美国学者鲍丁提出的宇宙飞船经济理论，指出我们的地球只是茫茫太空中一艘小小的宇宙飞船，人口和经济的无序增长迟早会使船内有限的资源耗尽，而生产和消费过程中排出的废料将使飞船污染，毒害船内的乘客，此时飞船会坠落，社会随之崩溃。

为了避免这种悲剧，必须改变这种经济增长方式，要从"'消耗型"改为"生态型"，从"闭环式"转为"开放式"，经济发展目标应以福利和实惠为主，而并非单纯地追求产量。这就是所谓循环经济思想的源头。

4. 只有一个地球

《只有一个地球》的副标题是"对一个小小行星的关怀和维护"，是一本讨论全球环境问题的著作。该书是英国经济学家 B. 沃德和美国微生物学家 R. 杜博斯受联合国人类环境会议秘书长 M. 斯特朗委托，为在斯德哥尔摩召开的联合国人类环境会议提供的背景材料，材料由 40 个国家提供，并在 58 个国家 152 名专家组成的通信顾问委员会协助下完成。全书从整个地球的发展前景出发，从社会、经济和政治的不同角度，评述经济发展和环境污染对不同国家产生的影响，呼吁各国人民重视维护人类赖以生存的地球，对于推动各国环境保护工作有广泛影响。这本著作中所阐述的许多观点对现代环境管理思想和理论的形成与发展产生了重要的影响。

综上所述，在 20 世纪 60 年代末到 70 年代初，一大批的科学家和学者投身于环境保护行列，各学派的思想、理论及著作，对推动各国的环境管理产生了广泛的影响，提高了世人对环境问题的认识，引发了第一次环境管理思想的革命，对当代环境管理思想的产生和发展起到了巨大的推动作用。

（二）环境管理发展史上的第一座里程碑

1. 联合国人类环境会议

在各环境保护先驱人物和学派的思想及理论的推动下，引发了人类对环境问题的第一次认识高潮。联合国在瑞典的斯德哥尔摩召开了第一次人类环境会议，这是世界各国政府第一次共同讨论当代环境问题，探讨保护全球环境战略。会议通过了《联合国人类环境会议宣言》，呼吁各国政府和人民为维护和改善人类环境，造福全体人民，造福子孙后代而共同努力。

该宣言将会议形成的共同看法和制定的共同原则加以总结，提出了 7 个共同观点和 26 项共同原则，初步构筑起环境规划与管理思想和理论的总体框架。

2. 墨西哥会议

在人类环境会议之后，在墨西哥由联合国环境规划署（UNEP）和联合国贸易与发展会议（UNCTAD）联合召开了资源、环境与发展战略方针专题讨论会。会议进一步讨论了《联合国人类环境宣言》所提出的共同观点和共同原则，并进一步明确了环境管理的任务就是协调发展与环境的关系，促使现代环境管理步入了迅速发展的道路。

人类环境会议，已经构筑起了现代环境管理思想和理论的总体框架，墨西哥会议，进一步明确了环境管理的核心是协调发展和环境的关系。人类环境会议和墨西哥会议，使人类对环境问题的认识有了重大的转变，是环境管理思想的一次革命，是环境管理发展史上的第一座里程碑。

（三）环境管理发展史上的第二座里程碑

1. 《我们共同的未来》一可持续发展战略的提出

20世纪80年代末到90年代初，由于全球性环境问题日趋严重和《我们共同的未来》，引发了现代管理思想的第二次革命。联合国环境与发展会议召开，提出了可持续发展理念，在全球环境保护发展史上树立起第二个路标。

联合国世界环境与发展委员会成立后，即在委员会主席、挪威首相布伦特兰夫人的领导下，编写了《我们共同的未来》，这是关于人类未来的纲领性文献。报告分三个部分，共12章。《我们共同的未来》阐述了"从一个地球到一个世界"的总观点，并明确提出持续发展战略，即"满足当代人的需要，又不对后代人满足其需要的能力构成危害的发展"。

2. 联合国环境与发展会议

联合国环境与发展会议在巴西里约热内卢召开，讨论了人类生存面临的环境与发展问题，通过了《里约环境与发展宣言》和《21世纪议程》两个纲领性文件。

《里约环境与发展宣言》重申了在斯德哥尔摩通过的《联合国人类环境宣言》的观点和原则，并在认识到地球的整体和相互依存性的基础上，对加强国际合作，实行可持续发展，解决全球性环境与发展问题，提出了27项原则。

《21世纪议程》着重阐明了人类在环境保护与可持续之间应作出的选择和行动方案，提供了21世纪的行动蓝图，涉及与地球持续发展有关的所有领域。它是"世界范围内可持续发展行动计划"，是从目前至21世纪在全球范围内各国政府、联合国组织、发展机构、非政府组织和独立团体在人类活动对环境产生影响的各个方面的综合的行动蓝图。

这次会议被认为是人类迈入21世纪的意义最为深远的一次世界性会议。人类对环境问题的认识上升到了一个新的高度，是环境管理思想的又一次革命，是环境管理发展史上的第二座里程碑。

至此，环境管理思想就是可持续发展的思想，环境管理的最终目标就是走可持续发展道路。

五、中国环境管理的政策、法规和制度

在环境规划与管理模式探索的过程中，我国明确地提出要开拓有中国特色的环境保护道路。其主要内涵有两个方面：在大政方针上，以环境与经济协调发展为宗旨，把在20世纪80年代初以来陆续提出的预防为主、谁污染谁治理和强化环境管理等政策思想确定为环境保护的"三大政策"；在具体制度措施上，形成了以"八项环境管理制度"为主要内容的一套环境管理制度，促使环境规划与管理工作由一般号召走上靠制度管理的轨道。

（一）中国环境保护的方针政策

1. 中国环境保护的基本方针

（1）环境保护的"32"字方针

第一次全国环境保护会议上正式确立了中国环境保护工作的基本方针：全面规划、合理布局、综合利用、化害为利、依靠群众、大家动手、保护环境、造福人民。

（2）"三同步、三统一"的方针

第二次全国环境保护会议，制定了我国环境保护事业的大政方针，提出"经济建设、城乡建设和环境建设要同步规划、同步实施、同步发展，实现经济效益、社会效益和环境效益的统一"的环保战略方针。这一方针是经济发展、社会发展和环境保护的共同要求，成为我国环境保护工作的长期指导方针。

（3）可持续发展战略方针

联合国环境与发展大会后，我国率先提出了《环境与发展十大对策》，制定了《中国21世纪议程》《中国环境保护行动计划》等纲领性文件，实施可持续发展战略已成为我国环境管理的基本指导方针。

2. 中国环境保护的基本政策

经过长期的探索与实践，20世纪80年代我国制定了"预防为主""谁污染谁治理"和强化环境管理的三大环境保护政策。这三大政策确立了我国环境保护工作的总纲和总则，其根本出发点和目的就是要谋求以当今环境问题的基本特点和解决环境问题的一般规律为基础，以我国的基本国情，尤其是多年来我国环境保护工作的经验教训为条件，以强化环境管理为核心，以实现经济、社会和环境的协调发展战略为目的的具有中国特色的环境保护道路。

（1）预防为主、防治结合的政策

预防为主的政策思想是：把消除污染、保护环境的措施实施在经济开发和建设过程之前或之中，从根本上消除环境问题得以产生的根源，大大减轻事后处理所要付出的代价。坚持预防为主，防治结合政策，要把保护环境与转变经济增长方式紧密结合起来，积极发挥环境保护对经济建设的调控职能，所有建设项目都要有环境保护规划和要求，对环境污染和生态破坏实行全过程控制，促进资源优化配置，提高经济增长

质量和效益。主要措施包括：一是把环境保护纳入国家发展、地方和各行各业中长期及年度经济社会发展计划；二是对已开发建设项目实行"环境影响评价"和"三同时"制度；三是对城市实行综合整治。

（2）谁污染谁治理政策

"谁污染谁治理"（后来进一步发展为谁开发谁保护、谁受益谁补偿）政策的主要思想是：

治理污染、保护环境是生产者不可推卸的责任和义务，由污染产生的损害以及治理污染所需要的费用，都必须由污染者承担和补偿，从而使外部不经济性内化到企业的生产中去。

按照《环境保护法》等有关法令规定，环境保护投资以地方政府和企业为主。企业负责解决自己造成的环境污染和生态破坏问题，不容许转嫁给国家和社会。地方政府负责组织城市环境基础设施的建设，设施建设和运行费用由污染物排放者负担；对跨地区的环境问题，有关地方政府要督促各自辖区内的污染物排放者承担责任，其具体措施为：一是结合技术改造防治工业污染。我国明确规定，在技术改造中要把控制污染作为一项重要目标，并规定防治污染的费用不得低于总费用的7%。二是对历史上遗留下来的一批工矿企业的污染，实行限期治理，限期治理费用由企业和地方政府筹措，国家也给少量资助。三是对排放污染物的单位实行收费。

（3）强化环境管理

三大政策中，核心是强化环境管理。这一方面是因为通过改善和强化环境管理可以完成一些不需要花很多资金就能解决的环境污染问题，另一方面是因为强化环境管理可以为有限的环境保护资金创造良好的投资环境，提高投资效益。要把法律手段、经济手段和行政手段有机地结合起来，提高管理水平和效能，在建立社会主义市场经济过程中，更要注重法律手段，依法管理环境，加大执法力度，坚决扭转以损害环境为代价，片面追求局部利益和暂时利益的倾向，纠正有钱铺摊子，没钱治污染的行为，严肃查处违法案件。其主要措施为：一是建立健全环境保护法规体系，加强执法力度；二是制定有利于环境保护的经济、财税政策，增强对环境保护的宏观调控力度；三是从中央到省、市、县、乡镇五级政府建立环境管理机构，加强督促管理；四是广泛开展环境保护宣传教育，不断提高全民族的环境意识。

（二）环境保护法律法规

法律是由国家制定、认可并强制执行的行为准则或规范。我国自20世纪80年代开始，从中央到地方颁布了一系列环境保护法律、法规。目前，已初步形成了由国家宪法、环境保护基本法、环境保护单行法规和其他部门法中关于环境保护的法律规范等所组成的环境保护法体系。

1. 环境法律体系

（1）宪法

我国宪法对环境与资源保护作了一系列规定。宪法中关于环境与资源保护的规定是环境与资源保护法的基础，是各种环境与资源保护法律、法规和规章制度的立法依据。《中华人民共和国宪法》第二十六条规定："国家保护和改善生活环境和生态环境，防治污染和其他公害。"这一规定是国家对于环境保护的总政策。

（2）环境与资源保护基本法

我国环境与资源保护基本法是《中华人民共和国环境保护法》，它对环境与资源保护的重要问题作了全面的规定，是除宪法之外具有最高地位的环境保护法。它规定了环境法的目的和任务，规定了环境保护地对象，规定了一切单位和个人保护环境的义务和权力，规定了环境管理机关的环境监督管理权限，规定环境保护的基本原则和环境管理应该遵循的管理制度，规定了防治环境污染、保护环境的基本要求和相应的义务。

（3）环境保护单行法

环境保护单行法是指针对特定的保护对象，如某种环境要素或特定的环境社会关系而进行专门调整的立法，大体包括土地利用规划法（如国土整治、城市规划等法规）、环境污染防治法（如大气污染防治法、水污染防治法）、自然保护法（如水法、森林法等）三类。

（4）环境保护条例和部门规章

为了贯彻落实环境保护基本法及环境保护单行法，由国务院或有关部门发布的，如《中华人民共和国环境噪声污染防治条例》《中华人民共和国自然保护区条例》《放射性同位素与射线装置放射防护条例》《化学危险品安全管理条例》《淮河流域水污染防治暂行条例》《中华人民共和国海洋石油勘探开发环境保护管理条例》《风景名胜区管理暂行条例》《基本农田保护条例》等环境保护行政法规及规范性文件。

（5）地方性环境法规和地方政府规章

地方人民代表大会和地方人民政府为实施国家环境保护法律，结合本地区的具体情况制定和颁布的环境保护地方性法规。如《江苏省环境保护条例》《湘江长沙段饮用水水源保护条例》等。

（6）环境标准

环境标准是环境法律体系的一个重要组成部分，包括环境质量标准、污染物排放标准、环境基础标准、样品标准和方法标准。中国法律规定，环境质量标准和污染物排放标准属于强制性标准，违反强制性环境标准，必须承担相应的法律责任。

（7）国际环境保护条约

我国政府为了保护全球环境而签订了一系列国际公约，如巴塞尔公约、蒙特利尔议定书，国际公约是我国承担全球环境保护义务的承诺，其效力高于国内法律（我国保留的条款除外）。

2.环境法律责任

环境法律责任是指环境法主体因违反其法律义务而应当承担的具有强制性的法律后果，按其性质可分为环境行政责任、环境民事责任和环境刑事责任三种。

环境行政责任是指环境法律关系的主体出现违反环境法律法规、造成环境污染与破坏或侵害其他行政关系但尚未构成犯罪的有过错行为（即环境行政违法行为）后，应当承担的法律责任。环境行政责任分为制裁性责任和补救性责任。承担形式有行政处分和行政处罚两种。

环境民事责任是指公民或法人因污染或破坏环境而侵害公共财产或他人人身权、财产权或合法环境权益所应当承担的民事方面的法律责任，环境污染损害的民事赔偿责任是以无过失责任作为基本的归责原则，即因破坏而给他人造成财产或人身损害的行为人，不论其主观上是否有过错，都要对造成的损害承担赔偿责任。但法律还规定了因战争、不可抗力或受害人自身责任和第三方过错可免除承担环境污染损害的赔偿责任的情况。承担民事责任的方式有停止侵害、排除危害、消除危险、赔偿损失、恢复原状。

环境刑事责任是指，行为人故意或过失实施了严重危害环境的行为，并造成了人身死亡或公私财产的严重损失，已经构成犯罪要承担刑事制裁的法律责任。环境刑事责任的承担方式由《中华人民共和国刑法》中规定的刑法种类基本上都适用，包括生命刑、自由刑、财产刑、资格刑。

（三）我国现行的环境管理制度

按提出的时间先后顺序，我国环境管理的制度主要有"老三项"和"新五项"制度。这些制度构成了我国环境管理的主要的制度框架。与这些制度最初提出的时候相比，每项制度都有很大的发展。

1. 老三项制度

老三项制度即指环境影响评价制度、三同时制度和排污收费制度。

（1）环境影响评价制度

环境影响评价是指对规划和建设项目实施后可能造成的环境影响进行系统分析、预测，评估其重大性，提出预防、减轻不良环境影响地对策、措施或否决意见，进行跟踪监测的过程。环境影响评价制度是调整环境影响评价中发生的社会关系的一系列法律规范的总和，是环境影响评价原则、程序、内容、权利义务以及管理措施的法定化。

（2）"三同时"制度"

"三同时"制度是我国独有的一项环境保护管理制度。"三同时"是项目设计、施工和竣工验收阶段的环境管理，是检查项目建设是否将环境影响评价中规定的环境保护措施落实在设计、施工过程中，效果怎样，是否通过项目竣工验收监测，最后决定是否批准正式投产。

"三同时"的提法第一次出现于关于官亭水库水污染问题的报告中，后来发展为具有普遍意义地对一切建设项目的要求。所谓"三同时"，即新建、改建、扩建和技术改造项目的配套环境保护设施，必须与主体工程同时设计、同时施工、同时投产。"三同时"要求各级环境保护部门参与建设项目的设计审查和竣工验收，将环境问题解决在建设过程中，预防新的环境污染和破坏的产生。

（3）排污收费制度

排污收费制度指国家环境管理机关，依照法律规定对于向环境排放污染或超过国家排放标准污染物的排污者，按照污染物的种类、数量和浓度，根据规定征收一定的费用。排污收费是环境管理中的一种经济手段，也是"污染者负担原则"的具体执行方式之一。它一方面可以促进排污者加强环境管理，减少污染物的排放，另一方面也可以筹措一部分环境保护和污染治理的资金。

2. 新五项制度

新五项制度包括环境保护目标责任制、城市环境综合整治定量考核制度、排污申报登记与排污许可制度、污染集中控制制度、限期治理制度。

（1）环境保护目标责任制

环境保护目标责任制是通过签订责任书的形式，具体落实地方各级人民政府和有污染的单位对环境质量负责的行政管理制度。这一制度明确了一个区域、一个部门及一个单位环境保护的主要责任者和责任范围，运用目标化、定量化、制度化管理方法，把贯彻执行环境保护这一基本国策作为各级领导的行动规范，推动环境保护工作全面、深入地开展。规定各级政府的行政首长对当地的环境质量负责，企业的领导人对本单位的污染防治负责，规定了任务目标，将其作为政绩考核的一项环境管理制度。

（2）城市环境综合整治定量考核制度

城市环境综合整治定量考核制度是指通过实行定量考核，对城市政府在推行城市环境综合整治中的活动予以管理和调整的一项环境监督管理制度。城市环境综合整治在我国得到广泛推行。所谓城市环境综合整治，就是把城市的环境作为一个整体，运用综合的战略、手段和措施，对城市环境进行综合规划、综合管理、综合控制，以较小的投入，换取城市环境质量整体最优化，有效地解决城市的环境问题。城市环境综合整治定量考核则是城市环境综合整治工作定量化、规范化。省、自治区、直辖市人民政府对本辖区的城市环境综合整治工作进行定期考核，公布结果。直辖市、省会城市和重点风景旅游城市的环境综合整治定量考核结果，由国家环境保护部核定后公布。城市环境综合整治定量考核的结果作为各城市政府进行城市发展决策、制定环境规划的重要依据。

（3）排污申报登记与排污许可制度

排污申报登记制度规定，凡是向周围环境排放污染物的单位，必须向当地环境保护行政主管部门申报登记排放污染物的设施、污染处理设施及排污种类、数量和浓度。排污许可制度是以改善环境质量为目标，以污染物总量控制为基础，将允许排放污染物的种类、数量、污染物性质、排污去向及污染物排放方式，以排污许可证的形式发放给排污单位和个人，是一项具有法律含义的行政管理制度。我国目前主要推行水污染物排放许可制度，关于大气污染物的排放许可证正处在研究和初试阶段。

（4）污染集中控制制度

污染集中控制制度是指在一个特定的范围内，创造一定的条件，形成一定的规模，建立集中的污水处理设施，将分散污染源实行集中控制和处理的一项环境管理制度。污染集中控制有利于集中有限的资金，采用相对先进的技术和标准，取得较大的综合效益。如城市污染水处理厂将工厂预处理后的废水集中起来进行统一处理。

（5）限期治理制度

限期治理以污染源调查为基础，以环境保护规划为依据，突出重点，分期分批地对污染危害严重、群众反映强烈的污染物、污染源、污染区域采取的限定治理时间、治理内容及治理效果的强制性措施，是人民政府为了保护人民的利益对排污单位采取的法律手段。

第二节　环境规划

环境规划是人类为克服经济社会活动的盲目性和主观随意性，使环境与经济协调发展，而对自身活动和环境所作的时间和空间的合理安排和规定。环境规划是实行环境目标管理的准绳和基本依据，是环境保护战略和政策的具体体现，也是国民经济和社会发展规划体系

的重要组成部分。编制和实施环境规划，对于协调经济发展与环境的关系以及保证国家的长治久安和可持续发展具有深远的意义。

《中华人民共和国环境保护法》第一章第四条规定："国家制定的环境保护规划必须纳入国民经济和社会发展规划，国家采取有利于环境保护的经济、技术政策和措施，使环境保护工作同经济建设和社会发展相协调。"第二章第十二条规定："县级以上人民政府环境保护行政主管部门，应当会同有关部门对管辖范围内的环境状况进行调查和评价，拟定环境保护规划，经计划部门综合平衡后，报同级人民政府批准实施。"这些规定，为环境规划的制定提供了法律依据，环境规划在环境管理工作中占有重要地位。

一、环境规划的含义、作用和任务

（一）环境规划的含义

环境规划是人类为使环境与经济和社会协调发展而对自身活动和环境所做的空间和时间上的合理安排。

据《现代汉语词典》，规划即"比较全面的长远的发展计划"环境规划可认为是人类在环境保护方面制定的较为全面和长远的工作计划，是规划管理者在预测发展对环境的影响及环境质量变化趋势的基础上，对一定时期内环境保护目标和措施所作出的具体规定，是一种带有指令性的环境保护方案。其目的在于调控人类的经济活动，减少污染，防止资源破坏，从而促进环境、经济和社会的可持续发展。

为达到环境规划的目的要求，环境规划必须做好两方面的工作，第一，保障人们公平地享用环境权和所应遵守的义务。环境规划在约束人们经济和社会活动问题上，面对的往往是一部分人污染了另一部分人，或者是一部分人侵害了另一部分人的利益。如何规范这部分人的行为使之履行其保护环境应尽的义务，是环境规划的重要内容。第二，要根据经济和社会发展以及人民生活水平提高对环境要求越来越高，对环境的保护与建设活动做出时间和空间的安排和部署，如确立长远的环境质量目标、筹划生态建设等。

（二）环境规划的作用

1. 促进环境与社会、经济持续发展

环境规划是人类为使环境与经济社会协调发展而对自身活动和环境所做的时间和空间的合理安排。为达此目的，需做三件事：一、根据保护环境的目标要求，对人类经济和社会活动提出一定的约束和要求，如确定合理的生产规模、生产结构和布局，采取有利于环境的技术和工艺，实行正确的产业政策和措施，提供必要的环境保护资金等；二、根据经济和社会发展以及人民生活水平提高对环境越来越高的要求，对环境的保护与建设活动做出的时间和空间的安排与部署；三、对环境的使用和状态、质量目标作出规定，包括环境功能区划，确定不同的用途和保护目标等。因此，环境规划是一种克服人类经济社会活动与环境保护的盲目性和主观随意性的科学决策活动，必须注重预防为主，防患于未然。它的重要作用就在于协调人类活动与环境的关系，预防环境问题的发生，促进环境与经济、社会的持续发展。

2. 保障环境保护活动纳入国民经济和社会发展计划

不管是计划经济还是市场经济，环境保护都离不开政府的主导作用。我国经济体制由计划经济转向社会主义市场经济后，制定规划、实施宏观调控仍然是政府的重要职能，中长期计划在国民经济中仍起着十分重要的作用。环境保护活动是我国经济生活中的重要活动，又与经济、社会活动有着密切的联系，必须纳入国民经济和社会发展计划之中，进行综合平衡，才能顺利进行。环境规划就是环境保护活动的行动计划，为了便于纳入国民经济和社会发展计划，环境规划在目标、指标、项目、措施、资金等方面都应经过科学论证、精心规划。总之要有一个完善的环境规划，才能保障环境保护纳入经济和社会发展计划。

3. 合理分配排污削减量，约束排污者的行为

根据环境的纳污容量以及"谁污染谁承担削减责任"的基本原则，公平地规定各

排污者的允许排污量和应削减量，为合理地、指令性地约束排污者的排污行为，消除污染提供科学依据。

4. 以最小的投资获取最佳的环境效益

环境是人类生存的基本要素、生活的重要指标，又是经济发展的物质源泉，环境问题涉及经济、人口、资源、科学技术等诸多方面，是一个多因子、多层次、多目标的、庞大的动态系统。保护环境和发展经济都需要资源和资金，在有限的资源和资金条件下，特别是对发展中的中国来讲，如何用最小的资金，实现经济和环境的协调发展，就显得十分重要。环境规划正是运用科学的方法，保障在发展经济的同时，以最小的投资获取最佳环境效益的有效措施。

5. 指导各项环境保护活动的进行

环境规划制定的功能区划、质量目标、控制指标和各种措施乃至工程项目，给人们提供了环境保护工作的方向和要求，指导环境建设和环境管理活动的开展。没有一个科学的规划，人类活动就是一个盲目的活动。环境规划是指导各项环境保护活动克服盲目性，按照科学决策的方法规定的行动计划。为此，环境规划必须强调科学性和可操作性，以保证科学合理和便于实施，更好地发挥环境规划的先导作用。

（三）环境规划的任务

环境规划的任务是解决和协调国民经济发展和环境保护之间的矛盾，以期科学地规划（或调整）经济发展的规模和结构，恢复和协调各个生态系统的动态平衡，促使人类生态系统向更高级、更科学、更合理的方向发展。

1. 环境规划的基本任务

（1）全面掌握地区经济和社会发展的基础资料，编制地区发展的规划纲要

通过调查研究、搜集有关地区经济和社会发展长期计划以及各项基础技术资料。在搜集整理资料过程中，必须对本地区的资源作全面分析与评价。所谓资源指的是自然资源、经济资源和社会资源。通过对本地区的资源分析与评价，以便进一步制定地区经济和社会发展的性质、任务和方向，确定地区工农业生产发展的专业化和综合发展内容与途径，编制地区发展的规划纲要。

（2）搞好地区内工农业生产力的合理布局

工业合理布局是区域环境规划中的主要任务之一。首先，要对工业分布的现状进行分析，揭露问题和矛盾，以便从根本上解决。其次，要根据地区发展的规划纲要，结合地区经济、社会、历史以及地理条件，将各类工业合理地组合布置在最适宜的地点，使工业布局与资源、环境以及城镇居民点、基础设施等建设布局相协调。

农业是国民经济的基础，农业的发展与土地的开发利用关系特别密切，发展农业，就要结合农业区域提供情况，因地制宜地安排好农、林、牧、副、渔等各项生产用地，加强城郊副食基地的建设，妥善解决工农业之间以及农业与各项建设之间在用地、用水和能源等方面的矛盾，做到资源利用配置合理，形成区域生产力合理布局。

（3）合理布局污染工业体系，形成"工业生产链"

污染工业的合理布局是区域环境规划中需要解决的重要任务之一，因此应主要抓好以下几方面工作：对区域内污染工业的分布现状进行分析、揭露矛盾，以便在今后调整和建设过程中逐步改善布局；对于国家计划确定的大型骨干工程，组织有关部门进行联合选厂定点，并进行环境影响评价，预测该工程投产以后对环境可能带来的不利影响，并采取减少其不利影响的保护措施，以期达到规定的环境目标；在新开发的工业区，要形成工业生产链，以便充分利用资源，减少环境污染。

（4）充分合理地利用资源，提高资源利用率

对全国各地的资源结构进行全面分析和评价，在对比中弄清长处和短处以及有利条件和限制因素，以便因地制宜、扬长避短、最大限度地利用资源。

（5）搞好环境保护，建立区域生态系统的良性循环

由于社会化大生产和资源的大量开发，引起了生态环境的变化和环境的污染。环境保护已成为人们普遍关心的问题。防止水源地、城镇居民点与风景旅游区的污染，保护自然保护区和历史文物古迹，建设供人们休闲的场地，已成为人们普遍的呼声。区域环境规划应力求减轻或免除对自然的威胁，恢复已被破坏的生态平衡，使大自然的生态向良性循环发展，还应进一步改善和美化环境。对局部被人类活动改造过的地表进行适当修饰，搞好大地绿化和重点园林绿地规划，丰富文化设施，增加休憩和旅游的活动场所。

（6）制定环境保护技术政策

环境保护技术政策，涉及国民经济和社会发展的需要和可能，资源、能源合理开发利用的程度，生态环境保护与人体健康，国民经济技术开发战略等多方面错综复杂关系，而且还与环境质量的背景、现状和未来发展直接相关。因此，我们强调要制定统一的环境保护技术政策，用以指导制定环境规划。制定环境保护技术政策，既要和有关技术经济政策相协调，又要从环境保护战略全局的需要加以统筹安排，起到横向综合与协调的作用，体现控制环境质量动态发展过程。

2. 当前我国环境规划的基本任务

当前，我国环境规划主要包括以下几项工作：进一步落实环境保护基本国策；坚持污染防治与保护生态环境并重；实施总量控制计划；建立和完善综合决策、监管和共管、环境投入和公众参与四项制度。

二、环境规划的分类

环境规划的分类依不同的分类依据有不同的分类方法。

（一）按性质划分

环境规划从性质上分，有生态规划、污染综合防治规划、专题规划（如自然保护区规划）和环境科学技术与产业发展规划等。

1. 生态规划

在编制国家或地区经济社会发展规划时，不是单纯考虑经济因素，应把当地的地球物理系统、生态系统和社会经济系统紧密结合在一起进行考虑，使国家或地区的经济发展能够符合生态规律，既能促进和保证经济发展，又不使当地的生态系统遭到破坏。一切经济活动都离不开土地利用，各种不同的土地利用对地区生态系统的影响是不一样的，在综合分析各种土地利用的"生态适宜度"的基础上，制定土地利用规划，通常称之为生态规划。

2. 污染综合防治规划

污染综合防治规划也称之为污染控制规划，是当前环境规划的重点。按内容可分为工业（行业、工业区）污染控制规划、农业污染控制规划和城市污染控制规划。根据范围和性质的不同又可分为区域污染综合防治规划和部门污染综合防治规划。

3. 自然保护规划

自然保护规划虽然广泛，但根据《中华人民共和国环境保护法》规定，主要是保护生物资源和其他可更新资源。此外，还有文物古迹、有特殊价值的水源地和地貌景观等。我国幅员辽阔，不但野生动植物资源等可更新资源非常丰富，而且有特殊价值的保护对象也比较多，迫切需要分类统筹加以规划，尽快制定全国自然保护的发展规划和重点保护区规划。

4. 环境科学技术与产业发展规划

环境科学技术与产业发展规划主要内容有为实现上述规划类型所需要的科学技术研究、发展环境科学体系所需要的基础理论研究、环境管理现代化的研究和环境保护产业发展研究。

（二）按规划期分

按规划期可分为长远环境规划、中期环境规划以及年度环境保护计划。

长远环境规划一般跨越时间为10年以上，中期环境规划一般跨越时间为5～10年，5年环境规划一般称五年环境计划。五年环境计划便于与国民经济社会发展计划同步，并纳入其中；年度环境保护计划实际上是五年计划的年度安排，它是五年计划分年度实施的具体部署，也可以对五年计划进行修正和补充。

（三）按环境要素划分

1. 大气污染控制规划

大气污染控制规划，主要是在城市或城市中的小区进行。其主要内容是对规划区内的大气污染控制，提出基本任务、规划目标和主要的防治措施。

2. 水污染控制规划

水污染控制规划包括区域、水系、城市的水污染控制。具体地讲，水域（河流、湖泊、地下水和海洋）环境保护规划的主要内容是对规划区内水域污染控制，提出基本任务、规划目标和主要防治措施。

3. 固体废物污染控制规划

固体废物污染控制规划是省、市、区、行业和企业等的规划，主要对规划区内的固体废物处理处置、综合利用进行规划。

4. 噪声污染控制规划

噪声污染控制规划一般指城市、小区、道路和企业的噪声污染防治规划。

（四）按环境与经济的辩证关系划分

1. 经济制约型

经济制约型环境规划是为了满足经济发展的需要。强调环境保护服从于经济发展的需求，一般表现为解决已发生的环境污染和生态的破坏，制定相应的环境保护规划。

2. 协调型

协调型环境规划反映了促使经济与环境之间的协调发展，强调环境目标和经济目标的统一，以提出经济和环境目标为出发点，以实现这一双重目标为终点。

3. 环境制约型

环境制约型环境规划体现经济发展服从于环境保护的需要，主张经济发展目标要建立在保护环境基础上，从充分、有效地利用环境资源出发，同时防止在经济发展中产生环境污染，制定环境保护规划。

（五）按照行政区划和管理层次划分

按行政区划和管理层次可分为国家环境规划、省（区）市环境规划、部门环境规划、县区环境规划、农村环境规划、自然保护区环境规划、城市综合整治环境规划和重点污染源（企业）污染防治规划。国家环境规划，规划范围很大，涉及整个国家，是全国发展规划的组成部分，是全国的环境保护工作的指令性文件，省、市各级政府和环保部门都要依据国家环境规划提出本地的环境保护目标和要求，结合当地实际情况制定本地区的环境规划。

三、环境规划的内容

由于环境规划种类较多，内容侧重点各不相同，环境规划没有一个固定模式，但其基本内容有许多相近之处，主要为：环境调查与评价、环境预测、环境功能区划、环境规划目标、环境规划方案的设计、环境规划方案的选择和实施环境规划的支持与保证等。下面以环境规划的编制程序为主线，对其所包括的具体内容予以介绍。一般来说，编制环境规划主要是为了解决一定区域范围内的环境问题和保护该区域内的环境质量。无论哪一类环境规划，都是按照一定的规划编制程序进行的。环境规划编制的基本程序主要如下。

（一）编制环境规划的工作计划

由环境规划部门的有关人员，在开展规划工作之前，提出规划编写提纲，并对整个工作规划组织和安排，编制各项工作计划。

（二）环境现状调查和评价

这是编制环境规划的基础，通过对区域的环境状况、环境污染与自然生态破坏的调研，找出存在的主要问题，探讨协调经济社会发展与环境保护之间的关系，以便在规划中采取相应地对策。

1. 环境调查

环境调查的基本内容包括环境特征调查、生态调查、污染源调查、环境质量调查、环保治理措施效果的调查以及环境管理现状的调查等。

（1）环境特征调查

主要有自然环境特征调查（如地质地貌，气象条件和水文资料，土壤类型、特征及土地利用情况，生物资源种类形状特征、生态习性，环境背景值等）、社会环境特征调查（如人口数量、密度分布，产业结构和布局，产品种类和产量，经济密度，建筑密度，交通公共设施，产值，农田面积，作物品种和种植面积，灌溉设施，渔牧业等）、经济社会发展规划调查（如规划区内的短、中、长期发展目标，包括国民生产总值、国民收入、工农业生产布局以及人口发展规划、居民住宅建设规划、工农业产品产量、原材料品种及使用量、能源结构、水资源利用等）。

（2）生态调查

主要有环境自净能力、土地开发利用情况、气象条件、绿地覆盖率、人口密度、经济密度、建设密度、能耗密度等。

（3）污染源调查

主要包括工业污染源、农业污染源、生活污染源、交通运输污染源、噪声污染源、放射性和电磁辐射污染源等。

（4）环境质量调查

主要调查对象是环境保护部门及工厂企业历年的监测资料。

（5）环境保护措施效果的调查

主要是对工程措施的削污量效果以及其综合效益进行分析评价。

（6）环境管理现状调查

主要包括环境管理机构、环境保护工作人员业务素质、环境政策法规和标准的实施情况、环境监督的实施情况等。

2. 环境质量评价

环境质量评价即按一定的评价标准和评价方法，对一定区域范围内的环境质量进行定量的描述，以便查明规划区环境质量的历史和现状，确定影响环境质量的主要污染物和主要污染源，掌握规划区环境质量变化规律，预测未来的发展趋势，为规划区的环境规划提供科学依据。环境质量评价的基本内容包括：①污染源评价：通过调查、监测和分析研究，找出主要污染源和主要污染物以及污染物的排放方式、途径、特点、排放规律和治理措施等。②环境污染现状评价：根据污染源结果和环境监测数据的分析，评价环境污染的程度。③环境自净能力的确定。④对人体健康和生态系统的影响评价。⑤费用效益分析：调查因污染造成的环境质量下降带来的直接、间接的经济损失，分析治理污染的费用和所得经济效益的关系。

（三）环境预测分析

环境预测是在环境调查与评价的基础上，根据所掌握环境方面的信息资料推断未来，预估环境质量变化和发展趋势，以便提出防止环境进一步恶化和改善环境质量地对策。它预先推测出经济发展达到某个水平年时的环境状况，然后再根据预测结果，对人类经济活动做出时间和空间上的具体安排和部署。环境预测是环境决策的重要依据，没有科学的环境预测就不会有科学的环境决策，当然也就不会有科学的环境规划。环境预测的内容主要包括：污染源预测、环境污染预测、生态环境预测、环境资源破坏和环境污染造成的经济损失预测。

（四）环境功能区划

每个地区由于其自然条件和人为利用方式不同，具体表现为它们在该区域内所执行的功能不同。比如，由于自然条件的差异，武汉东湖主要执行养殖、风景、旅游的功能，而长江武汉段则主要执行航运功能；又如由于人为利用方式的不同，在青山工业区主要执行工业功能，而武昌则主要执行文教功能等。

每个地区执行的功能不一样，对环境的影响程度就不一样。执行工业功能的地区，大气易受污染，邻近的噪声污染也严重；而执行文教功能的地区，大气较清洁，噪声很低。执行不同功能的地区对环境的影响程度不一样，要求它们达到同一环境质量标准的难度也不一样。不同的功能区对环境质量的要求也不一样。因此，考虑到环境污染对人体的危害及环境投资效益两方面的因素，在确定环境规划目标前常常要先对研究区域进行功能区的划分，然后根据各功能区的性质分别制定各自的环境目标。这种依据社会经济发展需要和区域环境结构、环境状况，对区域执行的功能进行合理划分的方法，叫环境功能区划方法。环境功能区划的作用：可以为合理布局提供基础，对未建成区、新开发区和新兴城市的未来环境有决定性影响；可以为污染控制标准提供依据。

（五）确定环境规划目标

环境规划目标是环境规划的核心，是在一定的条件下，决策者对规划对象（如城市或工业区）未来某一阶段环境质量状况的发展方向和发展水平所作的规定。

确定恰当的环境目标，即明确所要解决的问题及所达到的程度，是制定环境规划的关键。目标太高，环境保护投资多，超过经济负担能力，则环境目标无法实现；目标太低，不能满足人们对环境质量的要求或造成严重的环境问题。因此，在制定环境规划时，确定恰当的环境保护目标是十分重要的。环境目标一般分为总目标、单项目标、环境指标三个层次。总目标是指区域环境质量所要达到的总的要求或状况；单项目标是依据规划区环境要素和环境特征以及不同环境功能所确定的具体环境目标；环境指标是体现环境目标的指标体系。

（六）进行环境规划方案的设计

环境规划方案的设计是环境规划的工作中心与重点。它是根据国家或地区有关政策和规定、环境问题和环境目标、污染状况和污染物削减量、投资能力和效益等，提出具体的综合防治方案。主要内容如下：

1. 拟定环境规划草案

根据环境目标及环境评价预测结果的分析，结合区域可能的资金、技术支持和管理能力的实际情况，为实现规划目标拟定出切实可行的规划方案。可以从各种角度出发拟定若干种满足环境规划目标的规划草案，以备择优。

2. 优选环境规划草案

环境规划工作人员，在对各种草案进行系统分析和专家论证的基础上，筛选出最佳环境规划草案。环境规划方案的选择是对各种方案权衡利弊，选择环境、经济和社会综合效益高的方案。

3. 形成环境规划方案

根据实现环境规划目标和完成规划任务的要求，对选出的环境规划草案进行修正、补充和调整，形成最后的环境规划方案。

（七）环境规划方案的申报与审批

环境规划方案的申报与审批，是整个环境规划编制过程中的重要环节，是把规划方案变成实施方案的基本途径，也是环境管理中一项重要工作制度。环境规划方案必须按照一定的程序上报各级决策机关，等待审核批准。

（八）环境规划方案的实施

环境规划的实施要比编制环境规划复杂、重要和困难得多。环境规划按照法定程序审批下达后，在环境保护部门的监督管理下，各级政策和有关部门，应根据规划中对本单位提出的任务要求，组织各方面的力量，促使规划付诸实施。

实施环境规划的具体要求和措施，归纳起来有如下几点：①要把环境规划纳入国民经济和社会发展计划中。②落实环境保护的资金渠道，提高经济效益。③编制环境保护年度计划。以环境规划为依据，把规划中所确定的环境保护任务、目标进行层层分解、落实，使之成为可实施的年度计划。④实行环境保护的目标管理，即把环境规划目标与政府和企业领导人的责任制紧密结合起来。⑤环境规划应定期进行检查和总结。

第七章 环境工程项目施工管理

第一节 环境工程项目施工管理基础

一、环境工程项目施工管理的概念

环境工程项目施工管理是指环境工程项目施工各参与方，包括业主单位、设计单位、施工单位、监理单位、调试单位、供应商等，为达到预期施工目标，在有限的可利用资源的基础上，运用科学、系统的技术、方法和理论对环境工程施工项目进行的决策、计划、组织、指挥、协调和控制等全过程管理。

二、环境工程项目施工管理的特点

环境工程项目施工管理与企业管理、生产管理等管理活动在管理主体、任务、内容和范围方面都有所不同，但具有同其他管理活动相同的职能，包括计划、组织、指挥、控制及协调。环境工程项目施工管理的对象和预期目标是由施工承包合同确定的，其参与施工管理的主体是项目承包方，也涉及业主单位、设计单位、监理单位、调试单位、当地政府和供应商等。环境工程的施工管理不但具有不同行业间的共同点，也具有其特殊行业的特点，如专业性、复杂性、固定性等。一般而言，环境工程项目施工管理的特点如下：

（一）受到的外部制约性强

环境工程项目施工是依据环境工程项目施工合同开展的施工过程，合同内明确规定了工程项目各方的义务、责任及工程施工目标等，此外，环境工程项目施工受到技术、经济、社会条件、法律法规等外部条件的制约。同时，由于环境工程项目需进行污染源的聚集，项目选址存在诸多限制。

（二）项目周期变化大

一个小的污水处理池可以是一个环境工程项目，整个城市的水环境整治也可以是一个环境工程项目，不同的项目有不同的施工周期，环境工程项目管理人员需要根据项目实际周期，通过对资源、技术、施工工艺和流程等进行有效选择和配置，保证工程在有限的时间内达到工程合同的预期目标。

（三）协调性强

由于环境工程项目施工过程涉及的工程项目主体较多，涉及相关经济、技术、法律、人际等多方面的关系，因此工程在施工过程中的协调工作非常复杂。以污水处理厂工程施工管理为例，其施工过程中涉及地基基础、建筑物结构、构筑物结构、给排水工程、电气工程、自动控制工程、设备安装工程、综合管线工程、市政工程和调试工程等，施工技术应用需要多专业、多工种的协调配合，此外还涉及同环保、气象、财政、交通、城建、工商、银行等相关单位的协调与沟通工作。

三、环境工程项目施工管理的内容

环境工程项目施工管理的重点内容包括施工目标的控制（如进度目标、质量目标、成本目标、安全目标等）、施工资源的管理（如人力资源管理、机械设备和材料管理、成本管理、施工现场管理等）、施工组织的协调、施工合同的管理、施工项目的联动调试和竣工验收等。

（一）施工目标控制

环境工程项目施工目标按照完成时间可分为阶段性目标和最终目标；按照工程内容可分为单项工程目标和整体目标；按照环境工程项目施工管理的内容可分为进度控制目标、成本控制目标、质量控制目标、安全控制目标等。施工目标控制是环境工程施工管理的核心内容，是保证工程达到合同规定目标的关键所在。施工目标的控制必须遵循科学性、系统性的原则，遵循客观规律。

（二）施工资源管理

环境工程项目施工资源涵盖的种类较多，包括人力资源、机械设备、材料、施工技术、资金、信息等。实现科学化的施工资源管理是保障工程质量和进度的前提和基础。施工资源管理涉及合理配置人力资源、组建项目管理和施工组织、制订项目资源使用计划、编制组织管理规划等，其中对包括劳动力、机械设备、技术、材料及资金在内的生产要素必须实现优化配置和动态管理，以取得环境工程项目施工的社会效益和经济效益。

（三）施工组织的协调工作

施工组织协调工作的目标分为内部协调目标和外部协调目标，内部协调目标主要是指项目内部人员关系融洽、组织结构合理、横向与纵向沟通畅通、组织协调性好等，外部协调目标不仅涉及项目设计单位、监理单位及项目业主，而且还包括同银行、政府部门等在内的其他组织的协调。施工组织的协调工作关系到施工组织能否按期完成施工目标，是考核施工管理有效性的主要依据。

（四）其他管理工作

环境工程项目施工合同是具有法律效力的文件，它界定了项目各参与方的法律义务和权利，是环境工程项目纠纷中索赔与反索赔的法律依据，因此施工项目的合同管理需要特别注意。环境工程项目施工过程中还会涉及多方面的信息，因此应在施工管理过程中，注重收集和应用有利于工程施工的信息，推进项目如期完工。

第二节　环境工程施工阶段资源管理

一、环境工程施工阶段人力资源管理

（一）环境工程项目人力资源管理的内涵

一个环境工程项目的实施需要多种资源，从资源属性角度来看，可分为人力资源、自然资源、资金资源和信息资源，其中人力资源是最基本、最重要、最具有创造性的资源，是影响项目成效的决定性因素。

人力资源管理是指从一个组织的目标出发，为提高其成员的积极性、主动性、创造性和工作绩效，对人力资源的获得、开发、保持、使用、协调和评价等一切对组织成员构成影响的管理思想、理论、决策、方法和实践活动。

一个环境工程项目管理成功与否，归根结底与人的因素密切相关，没有一个充分理解业主需求的项目经理，没有一个优秀团结的项目管理团队，没有一大批技能娴熟的劳动力，顺利实现环境工程项目的目标是不可能的。在环境工程项目实施过程中，人是一切资源中唯一具有主观能动性的，是最活跃的因素，也是最具不确定性的因素。可见，人力资源管理是环境工程项目管理的一个重要组成部分，人力资源管理服务于工程项目管理，且决定着工程项目管理目标能否实现。

环境工程项目人力资源管理有广义和狭义之分。

广义的环境工程项目人力资源管理包含环境工程项目管理组织和组织内的人员管理。项目管理组织指参与工程项目建设各方的项目管理组织，包括业主单位、勘察单位、设计单位、监理单位、施工单位、调试单位、咨询单位等参建各方的项目管理组织。

狭义的环境工程项目人力资源管理则主要是指环境工程项目管理组织对其内部工作人员的管理。

总之，环境工程项目人力资源管理的目的是调动所有项目相关方的积极性，在参与各方的项目管理组织的内部和彼此之间建立有效的工作机制，以实现参与各方的组织和所有参与人员围绕工程项目建设目标的相互和谐配合及顺畅流通，保证环境工程项目目标的最终实现。

（二）项目经理

环境工程项目经理是指受企业法定代表人委托，对环境工程项目施工过程全面负责的项目管理者，是企业法定代表人在环境工程项目中的代表人。

1. 项目经理的业务能力

项目经理业务素质是各种能力的综合体现，这些能力是项目经理有效地行使职责、充分发挥领导作用所应具备的主观条件，具体包括以下六个方面。

（1）创新能力：项目经理在环境工程项目管理活动中，应具备敏锐地发现问题、提出大胆而新颖的推测和设想、拿出可行的解决方案的能力。项目经理的创新能力关系到项目的成败和投资效益的好坏。

（2）决策能力：项目经理应具备根据外部经营条件和内部经营实力构建多种建设管理方案并选择合理方案、确定建设方向的能力。它是环境工程项目组织生命机制旺盛的重要因素，也是检验项目经理领导水平的一个重要标志。

（3）组织能力：项目经理为了实现项目目标，运用组织理论指导环境工程项目建设活动，有效地、合理地组织各个要素的能力。

组织能力主要包括组织分析能力、组织设计能力和组织变革能力。组织分析能力是指项目经理依据组织理论和原则，对项目现有组织的效能、利弊进行正确分析和评价的能力；组织设计能力是指项目经理从项目管理的实际出发，对项目管理组织机构进行基本框架设计，以提高组织管理效能的能力；组织变革能力是指项目经理执行组织变革方案的能力和评价组织变革方案实施成效的能力。

（4）指挥能力：项目经理的指挥能力表现在正确下达命令和正确指导下级两个方面。坚持下达命令的单一性与指导的多样性的统一，是项目经理指挥能力的基本内容。而要使项目经理的指挥能力有效地发挥，还必须制定一系列有关的规章制度，做到赏罚分明、令行禁止。

（5）控制能力：项目经理的控制能力体现在自我控制能力、差异发现能力和目标设定能力等方面。自我控制能力是指项目经理通过检查自己的工作进行自我调整的能力；差异发现能力是对执行结果与预期目标之间产生的差异能够及时测评和评议的能力；目标设定能力是指项目经理善于制定量化的工作目标并与实际结果进行比较的能力。

（6）协调能力：是指项目经理解决各方面的矛盾，使项目全体员工为实现项目目标密切配合、统一行动的能力。现代大型环境工程项目的管理，除了需要依靠科学的管理方法、严密的管理制度之外，很大程度上要靠项目经理的协调能力。协调主要是协调人与人之间的关系。协调能力具体表现为解决矛盾的能力、沟通的能力、鼓动和说服的能力等方面。

当然，项目经理业务能力的高低，在很大程度上取决于其知识水平的高低，因此项目经理应具有广博的理论知识和丰富的实践知识。

2. 项目经理的责任

项目经理在环境工程项目施工中处于中心地位，对环境工程项目施工负有全面管理的责任。项目经理的责任可分为对企业应承担的责任和应承担的法律责任。

（1）项目经理对企业应承担的责任：保证项目的目标与企业的经营目标相一致，项目的实施以实现企业经营战略目标为前提；保证企业分配给项目的资源能够被充分有效地利用；与企业高层领导进行及时有效的沟通，及时汇报项目的进度状况、成本、时间消耗及可能发生的问题。

（2）项目经理应承担的法律责任：项目经理由于主观原因或工作失误造成的损失，政府主管部门追究的主要是其法律责任，企业追究的主要是其经济责任；项目经理的违法行为导致企业的损失，企业也有可能追究其法律责任。

（三）项目团队

项目团队就是指为实现环境工程项目目标及适应项目环境变化而建立的团队。它的具体职责、组织结构、人员构成和人数配备等因项目性质、复杂程度、规模大小和持续时间长短而异。项目团队的一般职责是项目计划、组织、指挥、协调和控制。项目团队不仅仅是指被分配到某个项目中工作的一组人员，它更是指一组相互联系、同心协力工作，以实现项目目标、满足项目需求的人员。一个有效率的项目团队不一定能决定项目的成功，而一个效率低下的团队则注定会使项目失败。

1. 项目团队的特点

（1）拥有共同的目标。为使项目团队工作有成效，就必须有明确的目标，并且每个团队成员必须对要实现的项目目标及其所带来的收益有共同的思考。因为项目成员要完成的任务是项目目标分解出的某一个子项。

（2）合理分工与协作。每个成员都应该明确自己的任务、权力和职责，以及成员之间的相互关系，这才能形成一个真正的项目团队。

（3）高度的凝聚力。凝聚力是指成员在项目内的团结与吸引力、向心力，也指维持项目团队正常运转的所有成员之间的相互吸引力。一个工作有成效的项目团队，必定是一个有高度凝聚力的团队。

（4）团队成员相互信任。一个团队工作成效的大小受到团队成员相互信任程度的影响，在团队建立之初就应当树立信任，通过公开交流、自由交换意见来促进彼此之间的信任。

（5）有效的沟通。高效的项目团队还需具有全方位的、各种各样的信息沟通渠道，保证沟通直接、高效、层次少，提高项目团队的凝聚力。

2. 项目团队的职责

（1）项目团队领导者的职责

①实现团队的目标。一个团队的领导者，应当保证团队的目标通过以下过程得以实现：选择足够的、合适的人选参与计划的制订；召开团队会议，就团队目标和价值展开讨论，尤其是集体工作的价值，使大家达成共识；迅速并准确地分析和修正失误；无论是对内还是对外，都担负起代表整个团队的责任。②保证团队的效率。确保团队所有成员都了解各自的责任，并接受挑战，鼓励成员为团队的工作倾其所能；监督团队工作以确保成员朝着同一个方向努力；将团队目标设定在一个适当的层次上，以鼓舞士气。

（2）项目团队成员的职责

团队成员的首要任务是做好自己的工作，尽其所能地完成分配给自己的任务。为了使团队能更有效地共同工作，团队职责一定要放在个人职责之前。团队成员要明确自己的全部职责，要有一种责任感。

3.建立高绩效的项目团队

（1）高绩效项目团队的标准特性

项目管理专家科兹纳认为高绩效项目具有的特征是：项目团队具有较高的业绩和工作效率；具有革新性和创造性行为；团队成员责任明确、职业目标与项目要求一致；具有解决冲突的能力，但当冲突可能引起有益的结果时，鼓励冲突；有效的交流；较高的信任度；相互合作和高度的工作热情，以及高昂的士气。相反，较差绩效的项目团队表现为：业绩较低；完成项目目标的责任心差；项目目标不明确，主要参与人责任心和水平参差不齐；不计一切代价的混乱和冲突；蓄意破坏或拖延工作。

（2）建立高绩效项目团队的方法

①招聘项目成员。重视成员解决问题的能力及其技术专长与创造性。②召开项目会议。第一次会议上项目经理力图实现三个目标：提出对项目总的看法、确定项目团队的任务及成员间的关系、解决项目团队如何合作。管理好以后的项目会议。③制定基本规则。项目经理要迅速建立起具有操作性的基本规则，以规范团队的合作形式和行为。④建立奖励系统。制定关心项目成员措施及奖罚分明的工作制度。

二、环境工程施工阶段材料管理

（一）材料计划管理

材料计划管理是项目组织施工生产的必要条件，是项目全面计划管理的重要组成部分，也是保证项目降低成本、减少浪费、加速资金周转的主要因素。

1.材料需用计划

材料需用计划是根据环境工程项目有关合同、设计文件、材料消耗定额、施工组织设计及其施工方案、进度计划编制的，用以反映完成工程项目及相应计划期内所需材料品种、规格、数量和时间要求的文件。它是材料计划管理的基础。材料需用量计划的准确与否，决定了材料供应商计划保证供应的程度。

（1）工程项目材料需用量的确定

对于整个环境工程项目而言，通常应根据不同的特点确定材料需用量，可以在以下几种方法中加以选择：

1）定额计算法：首先，计算工程项目中各个分部、分项的工程量，并套取相应的材料消耗定额，求得相应的材料需用量；然后，汇总同类材料，求得整个项目的各种材料的总需用量。其中，某分部、分项工程对于某种材料需用量的计算见下式：

材料需用量=分部、分项工程量×材料的定额消耗量

定额计算法作为一种直接计算的方法，其结果比较准确，但要求具有与之相应的材料消耗定额。

2）动态分析法：也称比例计算法，其计算过程见下式：

$$材料需用量 = \frac{计划期工程量 \times 对比期材料实际耗用量}{对比期实际完成工程量} \times 调整系数$$

在上式中，调整系数一般可根据计划期与对比期有关施工技术与组织条件的对比分析，以及降低材料消耗的要求、采取节约措施后的效果等综合取定。

动态分析法简便、适用，但具有一定的误差，多用于缺少材料消耗定额、只有对比期材料消耗数据的情况，而且其结果的精度与两期数据的可比性关系密切。

3）类比计算法：也称同类工程对比法，它是参考类似工程的材料消耗定额确定该工程或该工艺材料需用量的方法。其计算见下式：

材料需用量=工程量×类似工程的材料消耗定额×调整系数

在上式中，调整系数可根据该工程与类似工程有关质量、结构、工艺等差异的对比分析加以取定。

类比计算法的误差较大，多用于计算新工程、新工艺等对于某些材料的需用量。

4）经验估计法：是由计划人员根据以往经验来估算材料需用量的方法。由于其对计划人员要求高、科学性差，经验估计法作为一种补充，主要用于不能采用其他方法的情况。

（2）计划期材料需用量的确定

作为组织材料采购、订货与供应的基础，在确定年度、季度、月度等计划期材料的需用量时，主要有以下两种方法：

1）定额计算法：根据施工进度计划中各个分部、分项工程在计划期的工程量、相应的材料消耗定额，求得相应的材料需用量，然后通过汇总求得计划期内各种材料的总需用量。

2）卡段法：根据施工进度计划中的计划期的形象部位，从相应的材料计划中摘出与施工进度相对应部分的材料需用量，然后通过汇总求得计划期内各种材料的总需用量。

2.材料供应计划

材料供应计划是根据材料需用计划、可供应货源编制的用以反映工程项目所需材

料来源的文件。

（1）材料供应数量的确定

材料的供应数量应在计划期材料需用量的基础上，预计各种材料的期初储存量、期末储存量，经过综合平衡后加以确定。其计算见下式：

计划期内材料供应量=期内需用量-期初存储量+期末储备量

在上式中，材料的期末储备量需要考虑经常储备和保险储备，并主要取决于供应方式和现场条件，一般可按下式计算：

期末储备量=材料的日需要量×（材料供应间隔天数+运输天数+入库检验天数+生产前准备天数）

（2）材料供应计划的平衡

由于工程实际情况错综复杂、不断变化，在确定材料供应数量以后，应通过各种材料的数量、品种、时间等平衡，达到供应配套、施工均衡、动态平衡的目的。

其中，材料平衡的具体内容包括总需要量与资源总量的平衡、品种需要与配套供应的平衡、各种用料与各个工程的平衡、公司供应与项目经理部供应的平衡、材料需要量与资金的平衡等。而且，在材料供应计划执行过程中，应进行定期或不定期的检查；在涉及设计变更、工程变更时，必须做出相应的调整和修改，制订相应的措施，以书面形式及时通知有关部门，并妥善处理、积极解决材料的余缺。

3. 材料采购计划

材料采购计划是根据材料供应计划编制的反映施工承包企业或项目经理部需要从外部采购材料数量、时间等的文件。它是进行材料订货、采购的依据。其中，材料采购量计算见下式：

材料采购量=材料需要量+期末库存量-（期初库存量-期内不合用数量）-可利用资源总量

在上式中，材料的不合用数量是指在库存量中由于材料规格、型号不符合任务需要而扣除的数量，可利用资源总量是指经加工改制的滞留物质、可利用的废旧物质及采取技术措施可节约的材料等。

4. 材料节约计划

材料节约计划是根据材料的耗用量、生产管理水平及施工技术组织编制的反映工程项目材料消耗或节约水平的文件。

节约材料的具体途径因企业、项目及项目经理部等具体情况而异，但根据科学合理的材料节约计划，运用存储理论优化订购数量，通过技术、经济、组织等综合措施（如改进施工方案、研究材料代用等）往往可以取得较好的工作成效。

由于用量和价格变化均可引起材料费用的变化，因此，可用下式评价材料节约计划的执行效果：

材料成本降低额=（材料计划用量-材料实际用量）×材料价格+（材料计划价格-

材料实际价格）×材料实际用量

在上式中，前者反映了主要由于内部原因造成的材料消耗的"量差"

带来的节约或超支；后者则反映了由于内部和市场原因造成的材料消耗的"价差"带来的节约或超支。因此高水平的材料管理工作应贯穿于材料管理的所有环节。

（二）材料采购管理

1.采购方式的选择

根据来源与交易方式的不同，材料采购的主要方式包括购买和租赁两类。前者通过支付全部款项实现了所有权的转移，并主要用于大宗材料的购买；后者通过支付租金取得了相应期限内的使用权，且主要用于周转材料和大中型工具。而且，从理论上讲，无论是购买还是租赁，均可通过公开招标、邀请招标及其他方式实现交易。

2.采购数量的确定

适宜的材料采购数量不仅可以避免资金大量积压、享受价格优惠，还可以保证工程建设的需要。

（1）定量订购法：当材料库存量消耗达到安全库存量之前的某一预定库存量水平时，按一定批量组织订货，以补充、控制库存的方法。

一般来讲，预定库存量的确定可按下式计算：

预定库存量=日平均需要量×最长订购时间+安全库存量

在上式中，最长订购时间是指从开始订购到验收入库为止所需的订货、运输、验收及可能的加工、准备时间；安全库存量是为了防止缺货、停工待料风险而建立的库存，通常按材料平均日需要量与根据历史资料、到货误期可能性等估算的平均误期天数之积计算。

由于安全库存量对于材料采购具有重要影响，因此应综合考虑仓库保管费用和缺货损失费用进行科学确定。例如，当安全库存量大时，缺货概率小、缺货损失费用小，但仓库保管费用增加；反之则仓库保管费用减少。而且，当缺货损失费用期望值与仓库保管费用之和最小时，即为最优安全库存量。

经济订购批量的确定：经济订购批量（EOQ）是指某种材料订购费用和仓库保管费用之和为最低时的订购批量，可按下式计算：

$$经济订购批量 = \sqrt{\frac{2 \times 年需要量 \times 每次订购费用}{材料单价 \times 仓库保管费率}}$$

在上式中，每次订购费用是指每次订购材料运抵仓库之前所发生的一切费用，主要包括采购人员工资、差旅费、采购手续费、检验费等；仓库保管费率是指仓库保管费用占库存平均费用的百分比，仓库保管费主要包括材料在仓库或所在场所所需的流动资金的占用利息、仓库的占有费用（折旧、修理费等）、仓库管理费、燃料动力费、采暖通风照明费、库存期间的损耗及防护、保险等一切费用。

由于订购时间不受限制、适应性强，定量采购法在材料需要量波动较大时，可根据库存情况考虑需要量的变化趋势，随时组织订货、补充库存，可以适当减少安全库存量。但是，此法要求外部货源充足及对库存量的不间断盘点，而且当库存量达到订购点时即行组织订货，将会加大材料管理的工作量及订货、运输费用和采购价格。因此，该方法主要适用于高价物资，即安全库存少、需严格控制、重点管理的材料，以及需要量波动大或难以估计的材料，不常用或因缺货造成经济损失较大的材料等。

（2）定期订购法

按事先确定的订购周期，例如，每季度、每月或每旬订购一次，到达订货日期即组织订货的方法。其订购周期相等，但每次订购数量不等。

1）订购周期的确定：首先用材料的年需要量除以经济订购批量求得订购次数，然后再以一年365天除以订购次数可得订购周期。订购的具体日期，则应考虑提出订购时的实际库存量要高于安全库存量，即其保险储备必须满足供应间隔期和订购期的材料需要量。

2）订购数量的确定：每次订购的数量应根据下次到货前材料的需要数量，减去订货时的试剂库存量而定，可按下式计算：

订购数量=（订购天数+供应间隔天数）×日平均需要量+安全库存量−实际库存量

在上式中，供应间隔天数是指相邻两次到货之间的间隔天数。

由于通常是在固定的订货期间对各种材料统一组织订货，所以定期订购法无须不断盘点各种材料库存，可以简化订货组织工作，降低订货费用。而且，该方法可事先与供货方协商供应时间，有利于事先均衡、经济生产。但是，其保证程度相对较低，故定期订购法主要用于需要量波动不大的一般材料的采购。

3. 材料采购的程序

在材料的实际采购过程中，通常按以下程序开展工作。

（1）明确材料采购的基本要求、采购分工及有关责任。

（2）进行采购策划，编制采购计划。

（3）进行市场调差，选择合格的产品供应单位，建立名录。

（4）通过招标或协商议标等方式，进行评审并确定供应商。

（5）签订采购合同。

（6）运输、验收、移交采购材料。

（7）处置不合格产品。

（8）采购资料归档。

其中，材料采购计划应当包括采购工作范围、内容及管理要求，产品的数量、技术标准和质量要求等采购信息，检验方式和标准，采购控制目标及措施等；在评审时，应进行有关材料技术和商务部分的综合评审；在签订采购合同时，应注明采购物资的名称、规格型号、单位和数量、进场日期、质量标准、验收方式及发生质量问题时双方承担的责任、仲裁方式等。

（三）材料现场管理

1. 材料的进场管理

在材料进场前，应根据现场平面布置情况，认真做好材料堆放的准备和临时仓库的搭设，力求做到有利于材料的进出与存放，符合防火、防雨、防盗、防变质的要求，方便施工，避免和减少场内二次搬运。

进入现场的材料应当具有生产厂家的材质证明（包括厂名、品种、出厂日期、出厂编号、实验报告等）和产品合格证。而且，在材料进场时，应严格根据进料计划、送料凭证、质量保证或材质证明、产品合格证等进行数量验收和质量确认，做好验收记录和标识。要求复检的材料必须有取样送检证明报告；新材料未经试验鉴定，不得用于工程；现场配制的材料应经试配，使用前需经认证。

进行材料验收时，要严格遵守质量验收规范和计量检测规定，严格执行品种、型号、质量、数量、证件等验收制度。计量、检验设备必须经过具有资格的机构定期检验，确保满足计量所需要的精确度，不合格的设备不允许使用。

不合格的材料应更换、退货或让步接受（降级使用），严禁直接使用不合格的材料。在材料质量、数量验收无误后，应及时办理验收及入库、登账、立卡等手续。

2. 材料的仓库管理

（1）材料的存储与保管

材料存储与保管的基本要求是合理存放、妥善维护、方便使用、账物相符。入库的材料须按型号、品种区分堆放，并分别编号、标识。易燃易爆、有毒等危险品材料，应设专库存放，专人负责保管，并有严格的安全措施；有防湿、防潮要求的材料，应采取防湿、防潮措施，并做好标识；有保质期的材料应定期检查，防止过期，并做好标识；易损材料应保护好外包装，防止损坏。

（2）材料的发放与领用

材料发放与领用的基本要求是按质、按量、齐备、准时、有序进行，严格出库手续，保证工程需要。凡有定额的工程用料，要根据工程进度计划，严格执行限额领料发料制度，坚持节约预扣、余料退库；施工设施用料，以设施用料计划进行总控制，实行限额发料。发生超限额用料时，须事先办理手续，填制限额领料单，注明超耗原因，经项目经理部材料管理人员批准后方可实施。同时，建立领料、发料台账，记录领发和"节超"状况，收料、发料要及时入账上卡，手续齐全。

（3）材料的回收

作业班组应回收余料，及时办理剩余材料退料手续，并在限额领料单中扣除登记。要做好回收、利用废旧料工作，实行交旧（废）领新，包装回收、修旧利废。余料要制表上报，按有关部门的安排办理调拨和退料。设施用料、包装物及容器在使用周期结束后要立即组织回收，建立回收台账，记录节约或超领情况，并处理好相应的经济关系。

3. 材料的使用管理

（1）材料使用的监督管理

应实施材料使用监督管理制度，对材料使用情况进行有效的检查、监督，做到"工完、料净、场清"。其检查、监督的主要内容包括：是否认真执行领发料手续、记录好材料使用台账；是否按施工场地平面图堆料、按要求防护措施保护材料；是否按规定进行用料交底和工序交接；是否严格执行材料配合比、合理用料等。而且，每次检查都要做到情况有记录、原因有分析，明确责任，及时处理。

（2）周转材料的管理

项目经理部应根据工程进展情况、施工方案等编制周转材料的需用计划，提交企业相关管理部门或租赁单位，以便进行加工、购置，并及时签订合同，提供租赁。

周转材料进场后，需按规格分别码放整齐，垛间留有通道，并做好标识。露天堆放的周转材料应按规定限制高度堆放，并有防水等措施。零配件要装入容器，按合同发放。

项目经理部需建立保管使用维修制度。对连续使用的周转材料，每次用完后应及时清理、除污、涂刷保护剂，分类码放，以备再用；对不再使用的周转材料，应及时回收、整理和退还，并办理退租手续；需报废的周转材料，应按规定进行报废处理。同时，建立周转材料核算台账，记录周转材料的规格、品种数量、使用时间、费用支出及班组结算情况等。

三、环境工程施工阶段机械设备管理

（一）机械设备的来源

施工机械设备的来源主要有以下三种：一是从本企业专业机械租赁机构或社会出租机构租用的机械设备；二是分包单位自带的机械设备；三是企业为施工项目购置的机械设备。在实际施工中，租赁设备和自有设备较为常见。

1. 租赁设备

租赁设备是设备使用者（施工承包企业或项目经理部）按照合同规定，按期向设备所有者（本企业专业机械租赁机构或社会出租机构）支付一定费用（租金）而取得使用权的施工机械设备。它可具体分为融资租赁和经营租赁两种情况。采用融资租赁形式的，租赁双方承担确定时期的租让与付费义务，不得任意终止或取消租约；采用经营租赁形式的，任何一方可以在通知对方后，随时终止或取消租约。

对于施工承包企业而言，租赁设备的主要优点包括：以较少的资金获得生产需要的设备；获得良好的技术服务；避免通货膨胀和利率波动的冲击；设备租金可以在所得税前扣除，从而充分享受税收优惠。租赁设备的缺点包括：租赁设备权益不充分（只拥有使用权，缺乏所有权、处置权、抵押权等），不利于扩大企业资产、提高企业信用等不足。

2. 自有设备

自有设备是施工承包企业按照合同规定的额度、时限与方式等，支付一定费用（购置费）从而取得所有权的施工机械设备。

对于施工承包企业而言，自有设备的主要优点包括：企业拥有了设备的所有权、使用权等全部权益；可以扩大企业资产、改善企业形象、提高企业信用。同时，自有设备也具有资金占用量大、后期技术服务复杂、无法充分享受税收优惠及可能出现通货膨胀和利率波动风险等不足。

（二）机械设备的选择原则与方法

施工机械的选择应与工程的具体实际相适应，所选机械是在具体的、特定的环境条件下作业，这些环境条件包括地理气候条件、作业现场条件、作业对象条件等。合理选择施工机械的依据包括工程量、施工进度计划、施工质量要求、施工条件、现有机械的技术状况和新机械的供应情况等。施工机械的工作参数应注意机械的工作容量、生产率、机械的尺寸、机械的质量、自行式施工机械的移动速度、动力装置类型和功率等。

1. 机械设备的选择原则

（1）适应性。施工机械要适应用于工程的施工条件和作业内容，如工地的气候、地形、土质、场地大小、运输距离、工程规模等。

（2）先进性。新型的施工机械具有高效、低能耗、性能稳定、安全可靠、质量好等优点，更能保质保量地完成工程施工任务。

（3）通用性和专用性。选用施工机械时要全面考虑通用性和专用性。尽可能用一种机械代替一系列机械，减少作业环境，扩大机械使用范围，提高机械利用率，方便管理和维修。

（4）经济性。机械产品的性价比是用户首选考虑的具体问题之一，机械类型选定后，必须细致调研具体产品运转的可靠性、维修方便程度和售后服务质量。

（5）合理性。包括机械技术性能的合理组合和机械类型及其台数的合理组合。机械组合的合理规模由工程量、工期要求和机械组合的作业能力等方面的因素决定。机械组合要注意牵引车与配置机具的组合、主要机械和配套机械的组合。在组合机械时，力求选用统一的机型，以便维修和管理，从而提高工程施工水平。

（6）利用与更新。在选用施工机械时，应根据工地的实际情况，既要充分利用现有机械，又要注意机械的更新换代，加强技术改造，不断提高机械的利用率，以求达到技术上合理、经济上有利。

2. 机械设备的选择方法

选择机械设备时，应当追求技术上先进、经济上合理、生产上实用。

（1）综合评分法：在多种机械设备的技术性能均可满足施工要求时，综合考虑各种机械的工作效率、工作质量、使用费和维修费、能源消耗量、需用人员、安全性、稳定性、对环境的影响等特性，通过分级打分的方法比较其优劣。当某一机械因影响因素较多、优劣倾向性不明显时，可采用简单评分法、加权评分法等定量方法算出其综合分值，再进行比较。

（2）单位工程量成本比较法：使用机械设备必然需要一定的费用，而且这部分费用分为可变费用和固定费用两大类。其中，可变费用是指随着机械的工作时间而变化的费用，例如小修费、燃料动力费、人工费及直接材料费等；固定费用是不随机械的工作时间而变化、需按一定施工期限分摊的费用，例如折旧费、大修费、机械管理费及投资应付利息等。

因此，单位工程量成本比较法主要按单位工程量成本的高低、评价机械设备的优劣来比较。单位工程量成本可按下式计算：

$$单位工程量成本 = \frac{操作时间固定费用 + 单位时间操作费用 \times 操作时间}{单位时间产量 \times 操作时间}$$

（三）机械设备的使用管理

只有合理地使用机械设备，才能发挥其正常的生产效率、降低使用费用、防止或减少事故的发生。机械设备合理使用的有关注意事项如下：

（1）贯彻"人机固定"原则，实行定人、定机、定岗位责任的"三定"制度。同时，通过技术、经济、组织等措施，将机械设备的使用效率与个人经济利益紧密联系起来。

（2）机械设备操作人员实行持证上岗制度。专机的操作人员必须经过严格、系统的培训和统一考试，合格后方可持证上岗。

（3）遵守操作规范和使用规定。坚持搞好机械设备的例行保养和强制保养；对新机械设备和经过大修、改造的机械设备，在使用初期必须经过运行磨合，以减少机件早期磨损，延长机械使用寿命和修理周期。

（4）建立健全的设备档案制度。指定专人准确记录，及时整理机械设备从出厂到使用、报废全过程的技术状况，并为合理使用、适时维修等提供科学依据。

（5）实现机械设备的综合利用。现场的施工机械设备应尽量做到一机多用，使机械设备充分发挥其效率。例如，在垂直运输机械闲置时，可兼作回转范围内的水平运输、装卸车等。

（6）坚持机械设备的安全作业。项目经理部及有关人员在机械作业前，应向操作人员进行安全操作交底，使操作人员确切了解施工要求、场地环境、气候等安全生产要素，保障作业安全。

（四）机械设备的保养与修理

根据阶段不同，机械设备磨损可依次分为使用初期的磨合磨损、使用中期的正常工作磨损及使用后期或大修之前的事故性磨损等三类。项目经理部及有关人员应当有针对性地实行相应的保养和修理。

1. 机械设备的保养

保养是定期、有目的地进行机械设备的清理、紧固、检查、排除故障、更换已磨损或失效零件的系列活动。它可以保证机械设备处于良好的技术状态，提高运转的可靠性和安全性，延长使用寿命，提高机械设备的经济效益。

（1）例行保养：也称日常保养，它作为正常的使用管理工作，由操作人员在机械运行的间隙进行，不需要占用机械设备的运转时间。

（2）强制保养：也称定期保养，它是在规定的间隔周期，占用机械设备运转时间并停工进行的保养。强制保养的周期通常根据机械设备的磨损规律、作业条件、操作水平及经济性等加以确定。而且，根据机械设备构造的复杂程度和特性，可划分为由低到高、由易到难及保养范围由小到大。

2. 机械设备的修理

修理是对机械设备的自然损耗进行修复，排除机械运行故障，对损坏的零部件进行更换、修复，旨在保证机械的使用效率、延长使用寿命的系列活动。

（1）小修：临时安排的、无计划的修理。其目的是消除操作人员无力排除的突发故障、个别零件损坏或一般事故性损坏等问题，并通常与保养相结合。

（2）中修：两次大修之间为解决主要部件的不平衡磨损所采取的修理措施。它是部分解体的修理，具有恢复性修理属性，需要列入并执行修理计划，进而达到整机状况平衡、延长大修间隔的目的。

（3）大修：对机械设备进行全面解体的检查修理。为保证各个零部件的质量与配合，尽可能恢复机械设备原有精度、性能和效率。它的工作内容包括设备全部解体，检查和清洗设备的全部零部件，修理、更新所有磨损及有缺陷的零部件，清洗、修理全部管路系统，更换全部润滑材料等。因此，大修需要列入并执行修理计划，以实现良好的技术状态，延长机械设备的使用寿命。

第三节　环境工程施工阶段成本管理

一、环境工程施工阶段成本管理的概念和措施

环境工程项目成本管理就是要在保证工期和质量的情况下，利用组织措施、经济措施、技术措施、合同措施把成本控制在计划范围内，并进一步寻求最大限度的成本节约，做好成本控制工作。

环境工程成本管理措施具体内容如下。

（一）组织措施

（1）在项目管理单位中落实从投资控制角度进行施工跟踪的人员，并进行任务分工和智能分工。

（2）编制施工阶段投资控制工作计划和详细的工作流程。

（二）经济措施

（1）编制资金使用计划，确定、分解投资控制目标。对工程项目造价目标进行风险评价，并制定防范性对策。

（2）进行工程计量。工程计量是指项目管理机构根据设计文件及承包合同中关于工程量计算的规定，对承包单位申报的已完成工程的工程量进行的核验。

（3）复核工程付款账单，签发付款证书。

（4）在施工过程中进行投资跟踪控制，定期进行投资实际支出值与计划目标值的比较，发现偏差，分析产生偏差的原因，采取纠偏措施。

（5）协商确定工程变更价款，审核竣工结算。

（6）对工程施工过程中的投资支出做好分析与预测，经常或定期向建设单位提交项目投资控制及其存在问题的报告。

（三）技术措施

（1）对设计变更进行技术经济比较，严格控制设计变更。

（2）继续寻找通过设计节约投资的可能性。

（3）审核承包商编制的施工组织设计，对主要施工方案进行技术经济分析。

（四）合同措施

（1）做好工程施工记录，保存各种文件、图纸，特别是有设计施工变更情况的图纸，注意积累素材，为正确处理可能发生的索赔提供依据，参与处理索赔事宜。

（2）参与合同修改、补充工作，着重考虑它们对投资控制的影响。

二、环境工程项目成本控制的依据和原则

环境工程项目成本控制是指在施工过程中，对影响项目成本的各种因素加强管理，并采取各种有效措施，将施工中实际发生的各种消耗和支出严格控制在成本计划范围内，随时揭示并及时反馈，严格审查各项费用是否符合标准，计算实际成本和计划成本之间的差异并进行分析，消除施工中的损失和浪费现象。成本控制可以最终实现甚至超过预期的成本节约目标。项目成本控制应贯穿于建设工程项目从招投标阶段开始直到项目竣工验收的全过程。

（一）环境工程项目成本控制的依据

（1）施工承包合同。以施工承包合同为依据，从预算收入和实际成本两个方面努力挖掘增收节支潜力。

（2）工程项目成本计划。成本计划是根据建设工程项目的具体情况制定的成本控制方案，既包括预定的具体成本控制目标，又包括实现控制目标的措施和规划。

（3）进度报告。进度报告提供了每一时段工程实际完成的工程量、工程成本实际

支付情况等信息。通过实际成本和计划成本的比较，找出两者的差别，分析偏差产生的原因，从而采取措施改进工作。

（4）工程变更。在项目的实施过程中，由于各方面的原因，工程变更时常发生。一旦出现工程变更，工程量、工期、成本都必将发生变化，从而使环境工程项目成本控制更加困难。因此应当通过对变更要求当中的各类数据进行计算和分析，随时掌握变更情况，判断变更及变更可能带来的索赔问题等。

除上述依据外，环境工程项目有关的施工组织设计、分包合同文本等也是成本控制的依据。

（二）环境工程项目成本控制的原则

1. 责、权、利相结合

要使成本控制真正发挥及时、有效的作用，就必须严格按照经济责任制的要求，贯彻责、权、利相结合的原则。实践证明，只有责、权、利相结合的成本控制才是名实相符的项目成本控制。

2. 全面控制原则

全面控制原则是指项目成本的全员控制和全过程控制。

（1）全员控制

①建立全员参加责、权、利相结合的项目成本控制责任体系；②项目经理、各部门、施工队、班组人员都负有成本控制的责任，在一定的范围内享有成本控制的权利，在成本控制方面的业绩与工资奖金挂钩，从而形成一个有效的成本控制责任网络。

（2）全过程控制

①成本控制贯穿于项目施工过程的每一个阶段；②每一项经济业务都要纳入成本控制；③经常性成本控制通过制度保证，不常发生的"例外问题"也有相应措施控制，不能疏漏。

3. 动态控制原则

（1）建设工程项目具有一次性的特点，其成本控制应更重视事前控制和事中控制。

（2）在施工开始之前进行成本预测，确定目标成本，编制成本计划，制定和修订各种消耗定额和费用开支标准。

（3）成本控制随施工过程连续进行，与施工进度同步。

（4）建立灵敏的成本信息反馈系统，使成本责任部门能及时获得信息、纠正不利成本偏差。

（5）制止不合理开支，把可能导致损失、浪费的苗头消灭在萌芽状态。

4. 创收与节约相结合

（1）施工生产既是消耗资财、人力的过程，也是创造财富、增加收入的过程，其成本控制也应坚持创收和节约相结合的原则。

（2）作为签订合同的依据，编制工程预算时应"以支定收"，保证预算收入；在施工过程中要"以收定支"，控制资源消耗和费用支出。

（3）经常性的成本核算要进行实际成本与预算收入的对比分析。

（4）严格控制成本开支范围和费用开支标准，对各项成本费用的支出进行限制和监督

（5）提高施工项目的科学管理水平，优化施工方案，提高生产效率，节约人力、财力和物资。

（6）采取预防成本失控的技术组织措施，防止可能发生的浪费。

（7）施工的质量、进度、安全都对工程成本有很大的影响，因而成本控制必须与质量控制、进度控制、安全控制等工作相结合、协调，避免返工（修）损失，降低质量成本，减少并杜绝工程延期违约罚款、安全事故损失等费用发生。

（8）坚持现场管理标准化，堵塞浪费的漏洞。

三、环境工程项目成本控制实施的步骤

在确定了项目成本计划后，就必须定期地进行成本计划值和实际值的比较，当实际值偏离计划值时，必须分析产生偏差的原因，采取适当的纠偏措施，以确保成本控制目标的实现。其实施步骤有：

（1）比较：按照确定的方式将成本的计划值和实际值逐项比较，以此确定成本是否已超支。

（2）分析：在比较的基础上对结果进行分析，以确定偏差的严重程度及偏差产生的原因。这一步是成本控制工作的核心，其主要目的在于找出产生偏差的原因，从而采用有针对性的措施，避免或减少相同原因重复发生或减少由此造成的损失。

（3）预测：根据项目实施情况估算整个项目完成时的成本，为决策提供支持。

（4）纠偏：当工程项目的实际成本出现了偏差，应当根据环境工程项目的具体情况、偏差分析和预测的结果，采取适当的措施，以期达到使成本偏差尽可能小的目的。纠偏是成本控制中最具实质性的一步，只有通过纠偏，才能最终达到有效地控制成本的目的。

（5）检查：对环境工程项目的进展进行跟踪和检查，及时了解工程进展状况以及纠偏措施的执行情况和效果，为今后的工作积累经验。

四、环境工程项目成本控制方法

（一）价值工程

价值工程是把技术和经济结合起来的管理技术，需要运用多方面的业务知识和实际数据，涉及经济部门和技术部门，所以必须按照系统工程的要求，有组织地集合各

部门的智慧，才能取得理想的效果。

用价值工程控制成本的核心目的是合理处理成本与功能的关系，保证在确保功能的前提下降低成本。

价值工程原理不仅在施工期间被承包人广泛使用，而且在设计阶段也能对设计方案进行选择和优化。

（二）赢得值法

赢得值法（earned value management，EVM）又称为挣值法或偏差分析法。赢得值法是一种能全面衡量工程进度、成本状况的整体方法，其基本要素是用货币量代替工程量来测量工程的进度，它不以投入资金的多少来反映工程的进展，而是以资金已经转化为工程成果的量来衡量，是一种完整和有效的工程项目监控指标和方法。赢得值法作为一项先进的项目管理技术，最初是美国国防部于1967年首次确立的。国际上先进的工程公司已普遍采用赢得值法进行工程项目的费用、进度综合分析控制。

1. 基本原理

赢得值法是对项目费用和进度的综合控制，可以克服费用与进度分开控制的缺陷，即当我们发现费用超支时，很难立即知道是由于费用超出预算还是由于进度提前；当我们发现费用低于预算时，也很难立即知道是由于费用节省还是由于进度拖延。而采用赢得值法就可以定性定量地判断进度和费用的执行效果。

赢得值法是以完成工作预算的赢得值为基础，用三个基本值的量测工程进度、费用、质量，全面衡量和反映工程进展状况的项目管理整体技术方法，是指通过引入已完工作的预算值对项目费用和进度进行综合评估，即在项目实施过程中将任一时刻已完工作的预算值与该时刻工作任务的计划预算值进行对比以评估和测算其工作进度，并将已完工作的预算值与实际消耗值做对比，以评估和测算其资源的执行效果。

赢得值法基本参数有三个：计划工作预算费用（BCWS）、已完工作预算费用（BCWP）、已完工作实际费用（ACWP）。

（1）计划工作预算费用，即根据进度计划，在某一时刻应该完成的工作以预算为标准所需要的资金总额。一般来说，除非合同有变更，计划工作预算费用在工程实施过程中应保持不变。

计划工作预算费用=计划工作量×预算单价

（2）已完工作预算费用，是指在某一时间已经完成的工作（或部分工作）以批准认可的预算为标准所需要的资金总额，由于业主根据这个值为承包人完成的工作量支付相应的费用，也就是承包人获得（挣得）的金额，故称为赢得值或挣值。

已完工作预算费用=已完成工作量×预算单价

（3）已完工作实际费用，即到某一时刻为止，已完成的工作所实际花费的总金额。

已完工作实际费用=已完成工作量×实际单价

费用偏差和进度偏差反映的是绝对偏差，结果很直观，有助于费用管理人员了解项目费用出现偏差的绝对金额，并以此采取一定措施，制订或调整费用支出计划和资金筹措计划。但是，绝对偏差有其不容忽视的局限性。如同样是30万元的费用偏差，对于总费用1000万元人民币的项目和总费用1亿元人民币的项目而言，其严重性显然是不同的。因此，费用（进度）偏差仅适合于对同一项目进行偏差分析。费用（进度）绩效指数反映的是相对偏差，它不受项目层次的限制，也不受项目实施时间的限制，因而在同一项目和不同项目比较中均可应用。费用绩效指数反映了实际成本对计划成本的偏离程度，实际上也是一个成本绩效指数，表明基于不同价值的已完工作预算费用的成本偏差的重要性是不同的。引入这个概念解决了偏差指标只有单纯的数值比较而没有表明偏差对成本影响的重要程度的问题，利用它很容易发现危险点。

2. 应用

赢得值法在环境工程施工阶段成本控制中的应用具体如下：

施工单位根据工程清单中的单价确定单位工程量的成本，根据施工组织设计的网络计划编制时标网络计划。根据各个成本控制对象施工周期确定单位时间计划成本，最终建立整个项目计划成本模型绘制工期-已完工作预算费用曲线，作为项目成本控制目标模型。在施工过程中以每个控制期（一般以月为单位）末已完成的各成本控制对象的实际工程成本为基础，在计划成本模型中，绘制工期-已完工作实际费用曲线和工期-已完工作预算费用曲线，即形成实际成本模型、已完工作的预算费用与计划成本模型进行对比，并计划每一周期的费用偏差、进度偏差、费用绩效指数和进度绩效指数，针对四个指数对施工过程进行分析和纠正偏差。

费用增加且工期拖延，这种类型是纠正偏差的主要对象。分析工期拖延和费用增加原因，如是不可预计的外部环境和施工图以外的因素造成，分析合同是不是可以索赔；如果是施工人员和技术原因造成的，考虑更换人员和施工方案。

费用增加但工期提前，这种情况下要适当考虑工期提前带来的效益，将增加的费用和工期带来的效益进行比较，当工期提前带来的效益比增加费用大时可不做调整；当工期提前带来的效益比增加费用小时，分析原因，采取措施。

工期拖延但费用节约，这种情况下是否采取纠偏措施要根据实际需要确定，当工期延后带来的损失比节约费用大时，应分析工期延后原因，加快工程进度；当工期延后带来的损失比节约费用小时，不做调整。

工期提前且费用节约，这种情况是最理想的，不需要采取纠偏措施。

环境工程成本控制是一个庞大的系统工程，项目管理的先进性对工程成本控制有着广泛的影响，赢得值法符合环境工程推行科学、规范的项目管理要求。通过对各项指标的定量分析可以直接看出工程项目的成本控制及进度控制是否存在问题，并对发现的问题及时纠正偏差，确保项目成本控制成果。

五、环境工程项目施工阶段成本控制措施

环境工程项目施工阶段成本控制是对施工过程发生的费用，在满足工程质量、工期等合同要求的前提下，通过计划、组织、协调和控制等活动实现预定的成本目标，并尽可能地降低成本，通过技术（优化施工图设计、施工方案）、经济和管理（各项制度和管理）活动达到预定目标。成本控制是工程造价管理的核心，贯穿于整个施工过程，从施工前期的成本计划到施工准备阶段，从施工期间到最终竣工。

根据需要控制的目标，从不同角度对工程造价进行分析、分解、组合，根据事件发展进程做好三阶段（事前、事中、事后）的成本控制。

（一）事前控制

事前控制包括成本预测、成本决策、成本计划，具体如下：

（1）对施工图和清单进行审核，编制施工组织设计。对环境工程项目的施工图进行认真审查，根据施工图和现场编制施工组织设计，确定投资最合理的施工方案，施工组织设计的先进性、适用性将直接影响到项目的质量、安全、工期和建造成本；优化施工图设计，尽可能节约工程施工成本。审核工程量清单，计算工程中的设备型号和数量、材料用量、人工量和施工机械型号和数量。

（2）材料：选择合理的材料采购方式，根据材料用量和价格，在充分考虑采购、运输等费用、成本大小的基础上，选择是从厂家直购还是由中间商供货。

（3）人工：人工尽量选择承包方式，以实物工作量为基数计算工资，针对工序和施工方法，选择有经验的施工班组施工。

（4）机械：机械根据用时和价格确定自购置还是租赁方式。

（5）设备：环境工程设备成本占工程总成本比重较大，甚至占很多项目的50%以上，设备成本既考虑成本也要重视质量、保修期，如果业主有特殊要求价格又不合理，在采购前要做好沟通。

（二）事中控制

事中控制包括签订合同、材料管理、质量和安全管理，具体如下：

（1）项目实施之前与施工有关的材料、设备供应商、施工班组和机械租赁单位签订合同，价格控制在计划内，明确责任。通过合同形式严控实际成本。

（2）严格进出场材料管理。进场材料要有合格证明，保证材料合格；进出场材料进行登记，避免材料浪费；材料按要求堆放，保证保存期间不受损，注意水泥保质期、钢筋的腐蚀和长构件的变形。

（3）质量成本控制。在工程施工中把好质量关，控制和监督每一道工序，从而减少因质量问题而造成的一切的损失。

（4）安全成本控制。树立安全第一的理念，健全安全管理制度、安全检查制度，做到持证上岗，减少因安全问题造成的损失。

（5）及时做好施工现场隐蔽工程记录、现场变更和索赔记录，收集照片或录像证明资料，变更及时请监理和业主管理工程师签证。不要因超过时效造成损失。

（6）请业主参与大型设备的采购。当市场行情变化多、价格差异悬殊时，请监理工程师和业主一起选择设备，在采购前与业主做好沟通和调价协商，并及时签证。

（三）事后控制

事后控制包括竣工验收、竣工结算和工程分析，具体如下：

1. 竣工验收

竣工验收是竣工结算的依据，没有验收项目不能办理

竣工结算，现在大部分单位不重视项目竣工验收，特别是环境工程项目竣工验收手续多，造成验收拖延，施工单位不能及时结算，该得到的结算款不能及时得到，造成很大损失。在施工过程中，施工单位应及时做好施工资料，送监理工程师和质量监督站审核，同时帮助业主做好审批资料整理，及时将资料送城建档案馆进行预验。近几年档案资料要求越来越严格，都在变化中，如果不及时准备，后面资料会增加，也无法补上，工程不能及时竣工结算。

2. 竣工结算

竣工结算是施工阶段成本控制的最后一环，经审核的竣工结算价是业主支付承包商最终工程款结算的依据。注意结算时要认真审核工程量，检查有没有少算、漏算；审核清单描述，清单中没有的内容要另增加计算单价；注意实际施工并经业主签字认可的施工方案与清单中是否一致，如不一致可进行技术措施费调整；认真核对设计联系单和现场签证，做到核减或核增的公平、公正、科学、合理，尽量避免引起争议。

3. 工程分析

完成合同后，要对项目成本进行全面分析和总结，为企业以后的对外投标和内部成本控制提供管理依据。总结经验和吸取教训，为以后的项目成本控制服务。

第四节　环境工程监理

在环境工程项目领域，监理一般包括工程建设监理、环境监理和水土保持监理等。设立监理制的目的在于提高建设环境工程的投资效益、社会效益和环境效益，保证项目目标的全面实现。

一、工程建设监理

（一）工程建设监理的概念

工程建设监理是指针对工程建设项目，具有相应资质的建设监理单位接受业主的委托和授权，依据国家批准的工程建设文件、有关法律法规、标准规范和工程建设监理合同及有关建设工程合同所进行的监督管理活动。如今，工程建设监理在工程建设

中发挥着越来越重要的作用，实行工程建设监理制度，使监理组织承担起投资控制、进度控制、质量控制和安全控制的责任，解决了建设单位自行管理不力以致控制失效、项目目标无法完成的问题。

（二）工程建设监理的特征

1. 服务性

在工程建设过程中，工程监理单位利用监理工程师在工程建设方面的丰富知识、技能和经验为建设单位提供专业化管理服务，以满足建设单位对工程项目管理的需要。工程建设监理的服务对象是委托方，这种服务性的活动是按工程建设监理合同进行的，是受法律约束和保护的。

2. 独立性

工程建设监理单位是独立的一方，与业主、建设单位之间的关系是平等的、横向的，工程监理单位与被监理工程的承包单位以及建筑材料、建筑构配件和设备供应单位不得有隶属关系或者其他利害关系。我国建设监理有关规范中规定：监理单位应公正、独立、自主地开展监理工作，维护建设单位和承包单位的合法权益。

工程建设监理单位在履行监理合同义务和开展监理活动的过程中，要铭记自己的第三方地位，确立自己的工作准则，通过自己的方法和判断独立地开展工作，这是工程监理单位开展工程建设监理工作的重要准则。

3. 科学性

工程建设监理单位为委托方提供高智能管理服务，协助建设单位实现其项目目标，这就要求监理工程师具有相应的学历及长期从事工程建设的工作经验。从事环境工程项目建设监理工作的监理工程师，最好具有一定的环境工程专业知识。

4. 公正性

在工程建设过程中，监理单位一方面要严格履行建设合同的各项义务，同时还要成为公正的第三方，以公正的态度对待委托方和被监理方。

工程监理单位应当根据建设单位的委托，客观、公正地执行监理任务。当业主与建设单位发生利益冲突时，工程监理单位既要维护建设单位的利益，又不能损害业主的合法利益，要站在第三方的位置上，公平地加以解决和处理。

（三）工程建设监理的目标控制

1. 工程建设监理目标系统

工程建设监理的目标控制是指对工程项目的投资、进度、安全、质量等目标组成的项目目标进行控制。

监理工程师在进行目标控制时，应该了解投资、进度、安全、质量等目标之间既存在着矛盾，又有着统一的一面，在进行实际操作时，要把它们当作一个系统。

项目投资、进度、安全、质量等目标之间存在着对立矛盾的关系。如果一项工程要加快进度，就要增加投资，工程质量可能也会受到影响，安全风险会加大；如果想提高工程质量，那么就要投入较多的资金和时间；而如果要降低投资，势必会降低质量标准，也会带来一定的安全问题。所以，各个目标之间存在着对立的关系。

然后，各大目标之间还存在着统一的一面。例如，适当增加投资以支持加快进度的措施，可以加快项目建设速度，缩短工期，使项目提前投入使用，可以尽早收回投资，使得项目的整体经济效益得到提高；适当提高项目的质量标准，虽然会使得一次性投资提高和工期延迟，但是这能够节省项目投入使用后的维护费用，从而降低了综合成本，获得更好的投资效益和安全效益。

2. 项目实施各阶段工程建设监理目标控制的任务

（1）设计阶段

设计阶段是确定工程价值的主要阶段，设计质量对项目总体质量具有决定性的影响。设计阶段工程建设监理目标控制的基本任务是通过目标规划和计划、组织协调、动态控制、信息管理、合同管理，力求使工程项目的设计能够满足工程项目的安全可靠性，满足项目的经济适用性，保证设计工期的要求，使设计阶段的各项工作能够达到预期的目标。

1）投资控制。收集类似项目的投资数据和资料，协助业主制订项目的投资计划；开展技术经济性分析等活动，协调和配合设计单位了解实际情况，力求使设计经济合理化；审核概算、预算，征求改进意见，优化设计，满足业主对项目投资的经济性要求。

2）进度控制。依据项目总工期的要求协助业主制定合理的设计工期要求；根据设计的阶段性输出，由粗到细地制订进度计划，为项目进度控制提供依据；协调各个设计单位开展一体化工作，争取使设计能按进度计划要求进行；依据合同的要求准确、及时、完整地提供设计所需的基础资料和数据。

3）质量控制。根据业主的要求，协助业主制订项目质量目标计划；协调和配合设计单位优化设计，对设计提出的主要材料和设备进行比较，并最终对设计成果进行确认。

4）安全控制。根据项目总的安全管理的要求，协助业主制订项目安全目标规划；配合设计单位在建设工程设计中充分考虑施工安全问题。

（2）施工招标阶段

这一阶段主要目标控制任务是：通过编制施工招标文件、编制标底、对投标单位资格进行预审、组织评标和定标、参加合同谈判等工作，依据公开、公正、公平的竞争原则，协助业主选择理想的施工单位，力求以合理的价格、较短的时间、高效的管理、较好的质量来完成工程施工任务。

（3）施工阶段

这一阶段监理的主要任务是：在具体的施工过程中，根据施工阶段的目标规划和任务计划，通过组织协调、动态控制、信息管理、合同规定，使项目的投资、进度、安全和质量符合预期的目标。

1）投资控制。通过工程付款控制、设计变更与新增工程费用控制及索赔处理等手段，力求实现实际使用费用不超过计划投资。

2）进度控制。完善项目控制计划、审查施工单位的施工计划、协调各单位工作进度计划、做好进度动态控制工作、预防并处理好施工索赔等，力求实际施工进度达到计划施工进度的要求。

3）质量控制。通过对施工人员和单位资质、施工机械和工具、材料和设备、施工方案和方法、周围施工环境进行控制，努力使标准达到预定的施工质量等级。

4）安全控制。监理工程师和工程监理单位按照法律法规和工程建设强制性标准对环境工程建设实施监理，通过经济、法律、科技和文化等手段对施工阶段进行安全控制，尽量避免和减少安全事故的发生。

（四）工程监理单位

工程监理单位是指取得工程监理企业资质证书并从事建设工程监理工作的经济组织，是监理工程师的职业机构。工程监理单位按照组织形式分为公司制工程监理企业、合伙工程监理企业、个人独资工程监理企业、中外合资经营工程监理企业和中外合作经营工程监理企业。

1. 工程监理企业作用及资质

为了维护建筑市场秩序，保证建设工程的质量、工期和投资效益的发挥，国家对工程监理企业实施资质管理。

工程监理企业应当按照其拥有的注册资本、专业技术人员和工程监理业绩等资质条件申请资质，经有关部门审查合格，取得相应的等级资格证书后，方可在其资质等级许可范围内从事工程监理活动。

2. 工程监理企业的资质等级

工程监理企业资质分为综合资质、专业资质和事务所资质。综合资质、事务所资质不分级别，专业资质分为甲级和乙级，其中，房屋建筑、水利水电、公路和市政公用专业资质可设立丙级。

（1）综合资质标准

1）具有独立法人资格且注册资本不少于600万元。

2）企业技术负责人应为注册监理工程师，并具有15年以上从事工程建设工作的经历或者具有工程类高级职称。

3）具有5个以上工程类别的专业甲级工程监理资质。

4）注册监理工程师不少于60人，注册造价工程师不少于5人，一级注册建造师、一级注册建筑师、一级注册结构工程师或者其他勘察设计注册工程师合计不少于15人次。

5）企业具有完善的组织结构和质量管理体系，有健全的技术、档案等管理制度。

6）企业具有必要的工程试验检测设备。

7）申请工程监理资质之日前一年内没有因本企业监理责任造成重大质量事故。

8）申请工程监理资质之日前一年内没有因本企业监理责任发生三级以上工程建设重大安全事故或者发生两起以上四级工程建设安全事故。

综合资质可以承担所有专业工程类别建设工程项目的工程监理业务。

（2）专业资质标准

1）甲级

①具有独立法人资格且注册资本不少于300万元。

②企业技术负责人应为注册监理工程师，并具有15年以上从事工程建设工作的经历或者具有工程类高级职称。

③注册监理工程师、注册造价工程师、一级注册建造师、一级注册建筑师、一级注册结构工程师或者其他勘察设计注册工程师合计不少于25人次。

④企业近2年内独立监理过3个以上相应专业的二级工程项目，但是，具有甲级设计资质或一级及以上施工总承包资质的企业申请本专业工程类别甲级资质的除外。

⑤企业具有完善的组织结构和质量管理体系，有健全的技术、档案等管理制度。

⑥企业具有必要的工程试验检测设备。

⑦申请工程监理资质之日前一年内没有因本企业监理责任造成重大质量事故。

⑧申请工程监理资质之日前一年内没有因本企业监理责任发生三级以上工程建设重大安全事故或者发生两起以上四级工程建设安全事故。

2）乙级

①具有独立法人资格且注册资本不少于100万元。

②企业技术负责人应为注册监理工程师，并具有10年以上从事工程建设工作的经历。

③注册监理工程师、注册造价工程师、一级注册建造师、一级注册建筑师、一级注册结构工程师或者其他勘察设计注册工程师合计不少于15人次。

④有较完善的组织结构和质量管理体系，有技术、档案等管理制度。

⑤有必要的工程试验检测设备。

⑥申请工程监理资质之日前一年内没有因本企业监理责任造成重大质量事故。

⑦申请工程监理资质之日前一年内没有因本企业监理责任发生三级以上工程建设重大安全事故或者发生两起以上四级工程建设安全事故。

3）丙级

①具有独立法人资格且注册资本不少于50万元。

②企业技术负责人应为注册监理工程师，并具有8年以上从事工程建设工作的经历。

③有必要的质量管理体系和规章制度。

④有必要的工程试验检测设备。

专业甲级资质可承担相应专业工程类别建设工程项目的工程监理业务，专业乙级资质可承担相应专业工程类别二级以下（含二级）建设工程项目的工程监理业务，专业丙级资质可承担相应专业工程类别三级建设工程项目的工程监理业务。

（3）事务所资质标准

①取得合伙企业营业执照，具有书面合作协议书。

②合伙人中有3名以上注册监理工程师，合伙人均有5年以上从事建设工程监理的工作经历。

③有固定的工作场所。

④有必要的质量管理体系和规章制度。

⑤有必要的工程试验检测设备。

事务所资质可承担三级建设工程项目的工程监理业务，但是，国家规定必须实行强制监理的工程除外。

工程监理企业可以开展相应类别建设工程的项目管理、技术咨询等业务。

（五）项目组织结构及监理工程师

1. 监理项目组织结构

工程监理企业在履行委托监理合同时，必须在工程建设现场建立项目监理机构。项目监理机构是工程监理企业派驻工程项目负责履行委托监理合同的组织机构。依据工程项目的特点、委托的任务及监理单位的自身特点，可以把监理机构的组织形式分为以下几种类型。

（1）职能型监理组织形式：项目总监工程师负责，下设投资控制、进度控制、安全控制、质量控制、合同控制、信息管理等组织。

（2）子项型监理组织形式：项目总监工程师负责，下设若干项目监理组，各项目监理组再设各职能控制范围，这种组织形式适用于监理项目分为若干相对独立事项的大中型建设项目。

（3）矩阵型监理组织形式：矩阵型监理组织形式是上述两种组织形式的混合体，它适用于大型监理项目，既有利于各子项目监理工作的责任制，又有利于全方位的职能管理。

2. 监理人员

监理工程师是指在全国监理工程师执业资格考试中成绩合格，取得监理工程师执业资格证书，经注册取得监理工程师注册证书，从事建设工程监理的专业人员。从事建设工程监理工作但尚未取得监理工程师注册证书的人员称为监理员。

我国将在项目经理机构中工作的监理人员按其岗位职责的不同分四类，即总监理工程师、总监理工程师代表、专业监理工程师和监理员。

（1）总监理工程师

是由工程监理企业法定代表人书面授权，全面负责委托监理合同的履行、主持项目监理机构工作的监理工程师。总监理工程师由具有三年以上同类工程监理经验的监理工程师担任。

总监理工程师的基本职责如下：

1）组建项目监理班子，明确各工作岗位的人员和职责。

2）代表监理公司与业主沟通有关问题。

3）主持制订项目的监理计划，编写审批项目监理实施细则，负责管理项目监理机构的日常工作。

4）指导检查项目监理工作，根据项目的进展情况可进行适当的人员调整，保证项目目标的实现。

5）提出工程承包模式，设计合同结构，为业主发包提供决策依据。

6）主持监理工作会议，签发项目监理机构的文件和指令。

7）协助业主进行工程设计、施工和招标工作，主持编写招标文件，进行投标人资格预审、开标、评标，为业主的决策提供依据。

8）审查或处理工程变更，主持或参与工程质量事故的调查。

9）负责与各承包单位、设计单位负责人联系、协调有关事宜。

10）调节建设单位与承包单位的合同争议，审批工程延期和处理索赔。

11）定期或不定期检查工程进度和施工质量，及时发现问题并进行处理。

12）定期或不定期向本公司报告监理情况。

13）组织编写并签发监理月报、监理工作阶段报告、专题报告和项目监理工作总结。

14）审核和签认分部工程和单位工程的质量检验评定资料，审查承包单位的竣工申请，组织设计单位和施工单位进行工程结构验收，参与工程项目的竣工验收。

（2）总监理工程师代表

经工程监理企业法定代表人同意，由总监理工程师授权，代表总监理工程师行使其部分职责和权力的项目监理机构中的监理工程师。总监理工程师代表由具有两年以上同类工程监理经验的监理工程师担任。

1）总监理工程师代表的职责如下：

①完成总监理工程师制订或交代的监理工作。

②按总监理工程师的授权，行使总监理工程师的部分权力和职责。

2）总监理工程师不得将下列工作委托总监理工程师代表：

①主持编写项目监理计划、审批监理细则。

②签发工程开工/复工报审表、工程暂停令、工程款支付证书和工程竣工报验单。

③调解建设单位与承包单位的合同争议、处理索赔、审批工程延期。

④审核签认竣工结算。

⑤根据工程项目的进展情况进行监理人员调配，调换不称职的监理人员。

（3）专业监理工程师

根据监理岗位职责分工和总监理工程师的指令，负责实施某一专业或某一方面的监理工作，具有相应监理文件签发权的监理工程师。专业监理工程师应由具有一年以上同类工程监理经验的监理工程师担任。

专业监理工程师的职责如下：

1）负责编写本专业的监理实施细则。

2）负责本专业监理工作的具体实施。

3）组织、指导、检查和监督本专业监理员的工作，需要调整人员时，向总监理工程师提出建议。

4）审查承包单位提交的本专业设计的计划、方案、申请、变更，向总监理工程师提出报告。

5）定期向总监理工程师提交本专业监理工作实施情况报告，重大问题及时向总监理工程师汇报和请示。

6）做好本专业实施情况的监理日记。

7）负责本专业分项工程验收及隐蔽工程验收。

8）检查进场设备、材料、构配件的原始凭证，检测报告等质量证明文件及真实质量情况。

9）负责本专业的工程计算工作，审核工程计量的数据和原始凭证。

10）负责本专业的监理资料收集、汇总及整理，参与编写监理月报。

（4）监理员经过监理业务培训、具有某类工程相关专业知识、从事具体监理工作的监理人员。

监理员的职责如下：

1）负责进场的人力、材料、构配件、半成品、机械设备等的检查，做好检查记录。

2）工序间交接检查验收及签署。

3）复核或从施工现场直接获取工程计量的有关数据并签署原始凭证。

4）负责现场施工安全，以及防火设施和管理的检查、监督。

5）根据设计图纸及有关标准，对承包单位的工艺过程或施工工序进行检查和记录。

6）坚持记监理日记，如实记录原始记录。

7）发现问题及时向专业监理工程师报告。

（六）工程建设监理工作文件

建设监理工作文件包括监理大纲、监理规划和监理实施细则。

1.监理大纲

监理大纲由工程监理企业指定经营部门、技术部门管理人员或者拟任总监理工程师负责编写。

监理大纲的内容应当根据监理招标文件的要求制定，主要内容如下：

（1）拟采用的监理方案。工程监理企业根据建设单位所提供的及自己初步掌握的工程信息，确定准备采用的监理方案，包括设计方案、监理机构、建设工程三大目标的控制方案、合同管理方案、监理档案资料管理方案和组织协调方案等。

（2）工程监理企业拟派往项目监理组织的监理人员的资格介绍。重点介绍拟任总监理工程师在这一项目监理组织的核心任务，这是能否揽到业务的一个关键因素。

（3）计划提供给建设单位的监理阶段性文件。

2. 监理规划

监理规划是工程监理企业接受建设单位委托并签订委托监理合同后，由项目总监理工程师主持，根据委托监理合同，在监理大纲的基础上，结合实

施项目的具体情况，广泛收集工程信息和资料后编制的指导整个项目监理机构开展监理工作的文件。

监理规划应在签订委托监理合同及收到设计文件后开始编制。监理规划由项目总监理工程师主持，各专业或子项目监理工程师参与编写，经工程监理企业负责人审批批准，并在召开第一次工地会议前报送建设单位，最后由建设单位审核、确认并监督实施。

监理规划将委托合同中规定的工程监理企业应承担的责任和任务具体化，是后期有序开展监理工作的基础。在实施过程中，如发生重大问题需要调整项目规划，应由总监理工程师组织专业监理工程师研究具体情况，做出修改，按原报审批程序经过批准后，上报建设单位。

另外，监理规划是建设监理主管机构对工程监理企业实施监督管理的依据，是建设单位确认工程监理企业是否全面履行委托监理合同的依据，也是工程监理企业内部考核的依据和重要存档资料。

3. 监理实施细则

监理实施细则由专业监理工程师编写，经总监工程师审批。监理实施细则是针对项目中某一专业或某一方面监理工作的操控性文件，尤其是对中型以上或专业性较强的工程项目，项目监理组织应该编制监理实施细则。

监理实施细则的主要内容包括监理工作的流程、专业工程特点、监理工作的控制要点及目标值、监理工作的具体方案措施。

二、环境监理

随后大部分省市下发了对本地区"重点建设项目中开展工程环境监理"的要求。目前环境监理工作的开展还处在摸索阶段，对环境监理的作用、内容、范围、重点、

方式等没有形成统一的认识。

（一）环境监理的性质和作用

1. 环境监理的性质

建设项目环境监理单位受建设单位委托，依据有关环境保护法律法规、建设项目环境影响评价及其批复文件、环境监理合同等，对建设项目实施专业化的环境保护咨询和技术服务，协助和指导建设项目单位全面落实建设项目各项环保措施。

2. 环境监理的作用

环境监理的作用主要表现在以下几个方面：

（1）监督建设项目"三同时"制度执行情况。这是环境监理提出时的最初目的，旨在解决建设项目在建设过程中不能按照环评文件要求实行"三同时"、环保设施不能同时建设或不按环评文件提出的治理要求建设污染治理设施、擅自降低治理率，致使新的建设项目从投产第一天开始就成为"污染源治理项目"的问题。

（2）监督污染物治理工程建设情况。现阶段污染物治理工程有很多不能长期稳定运行，尽管这其中有些项目已经通过了环保部门验收。污染物治理工程能否长期稳定达标运行，是由多种因素共同决定的，如工艺的选择、工程材料的稳定性和耐久性、设备功能的选择和长期稳定运行能力、进水水质的波动性、工程的运行管理等。解决这类问题的主要手段是对污染物治理工程进行环境监理，它能保证所有污染物治理投资起到"物尽其用"的作用，能保证每一个工程真正做到达标。

（3）监督建设项目在施工期对环境产生的影响。从这个层面上讲，监督施工期对环境的影响更像是我们通常讲的"环境监察"，但现在的"环境监察"只限于建筑施工噪声，至于其他方面的影响目前还未涉及，而项目建设在施工期采取的消除环境影响的措施是否能按照环评文件的要求做到，更是无人问津。建设项目的环境监理将很好地弥补这方面的缺陷。

（4）其他环境管理作用。派生出的环境监理在环境工程项目管理中的其他作用有很多，如：有效减少污染排放，保护生态环境；改变环境保护管理模式，提高管理效率；为环境保护主管部门管理决策提供技术支持，为环境保护主管部门分担压力；为企业提供环境保护技术及增值服务，成为环境保护产业中的重要组成部分等。

（二）环境监理的重点

根据上述环境监理的作用和现行建设项目存在的问题，环境监理的工作重点内容应包括以下几个方面：

（1）监督建设项目配套环保设施是否能够做到"三同时"。

（2）监督核实建设项目配套环保设施或污染物治理工程设计是否合理，同时核实配套环保设施是否能够达到环评文件要求。

（3）监督核实环保设施或污染物治理工程选用设备、材料能否满足长期稳定运行的条件要求。

（4）跟踪项目建设过程的隐蔽工程，确保无"暗管"，并标明事故排放发生条件及事故排放口位置。

（5）监督建设项目施工期环保措施是否到位。

（6）监督施工方对业主环保设施运行维护人员的培训是否到位。

（三）　环境监理与工程建设监理的区别

了解了环境监理的重点内容，可知环境监理与通常意义上的工程建设监理有本质的区别。

从任务和目的上看，工程建设监理的主要任务是从组织、技术、合同和经济的角度采取措施，对质量、进度、费用实施监理，以使工程建设的目标最合理地实现，协助建设单位按计划完成工程建设。而环境监理的任务是确保建设项目执行"三同时"，确保污染物治理工程实现稳定运行，监督工程建设过程中不发生污染环境、破坏生态的行为，使建设项目能够更为充分有效地保护环境。

从监理对象上看，工程建设监理的对象主要是主体工程本身及与工程质量、进度、投资等的相关要素。而环境监理的对象主要是主体工程中的环保工程及受工程影响的外部环境。

从监理的内容上看，工程建设监理内容是"三控制、三管理、一协调"，即质量、进度、投资控制，安全管理、合同管理和信息的收集、分类、处理、反馈及储存的管理，对业主和承包商间、业主与设计单位之间及工程建设各部门之间的组织协调工作。而环境监理更侧重于工程的长期稳定运行，侧重于总体工程在消除对周边环境的影响所采取的措施上。环境监理的监理内容包括主体工程、临时工程、生态、景观环境和施工行为及施工污染控制、环境恢复措施落实等，协调好工程建设与环境保护，业主、承包商及社会和公众利益之间的关系。

从监理范围上看，工程建设监理的监理范围是工程施工区域，环境监理范围是工程施工区域及其邻近的受影响地带。

从监理依据上看，工程建设监理的依据是有关建设项目的政策、法律、法规、标准、合同、设计文件，环境监理的依据是有关环保法律、法规、标准、合同、设计文件、环境影响报告书和水土保持方案报告书等。

（四）　组织机构及协调

1. 组织机构

环境监理单位根据建设项目的规模、复杂程度及行业特点选择合适的专业技术人员组建环境监理机构。环境监理机构一般由环境总监理工程师、监理工程师、旁站监理员、文员及辅助工作人员组成。环境总监理工程师是履行本监理合同的全权负责人，组织和领导监理工作，完成监理合同所规定的监理方全部责任，其工作重点如下：

（1）在职能划分的基础上设置组织机构，根据工程内容及委托监理合同所规定的工作内容确定职能划分，并设置配套的组织机构。

（2）明确规定各工作岗位的目标、职责权限。

（3）事先约定各工作岗位在工作中的相互关系。

（4）建立信息沟通制度。

（5）及时消除工作中的矛盾或冲突。

（6）根据项目建设的阶段或当时重点关注对象的变化，动态地优化调整人员分工或人员配置。

2. 组织协调

（1）协调各施工单位之间的关系

不同施工单位在平行作业、交叉作业、工作面交接中可能涉及环保措施责任划分和污染物排放交叉等问题，对此环境监理机构应按照以下原则进行协调：

1）工作面邻近的不同施工单位，按"谁污染谁治理"的原则处理，即使排污口已在其他施工单位作业面。

2）工作面交接时，应将污染治理设施的运行维护一并交接。

3）如环境污染事故或生态破坏出现在工作面交接处或交叉区，环境监理机构应对现场进行充分调查，通过协调沟通，客观、公正划分承包商的责任，并督促其按承担的责任实施污染治理和生态恢复工作。

（2）协调施工单位与建设单位的关系

我国环境保护政策水平和技术体系发展较快，同时项目建设环境处于动态变化中，因此在项目建设中因外部环境变化、新法律法规出台等原因，可能会造成承包商合同约定的环保工作

内容需要变快，进而引发相关的合同纠纷。环境监理机构在处理相关纠纷时，应本着"考虑建设单位、兼顾施工单位"的原则进行协调。

（3）协调施工单位与设计单位的关系

1）环境监理机构应参加设计单位向施工单位的设计交底，就设计中的环保设施或措施内容协助设计单位介绍和说明。

2）由于环境监理工作指令而发生的设计变更，环境监理机构应就该设计变更向施工单位说明和指导实施，以保证设计变更切实得到落实。

3）在环保设施或措施在施工过程或运行维护中出现设计问题时，应充分听取施工单位的书面意见和建议，并协调设计单位和施工单位处理解决。

（五）环境监理模式

现阶段，环境监理模式一般分为包容式环境监理、独立式环境监理、综合式环境监理。

1. 包容式环境监理

各工程建设监理机构完全负责各自标段内的环境监理工作。这种模式一般需在项

目监理部设置一个环境保护职能部门，负责工程项目环境监理的规划和组织落实，环境监理工作由各专业监理工程师共同承担，全体监理人员参加环境监理工作。

2. 独立式环境监理

环境监理机构独立于工程建设监理，与建设单位直接签订环境监理工作合同，与工程监理呈并列关系。环境监理由具有环境保护相关资质的单位承担，如环评证书持证单位、各地的环科院、大专院校，具体环境监理工作由生态、环境工程、大气、水污染等专业人员承担。

4. 结合式环境监理

项目工程建设监理统一设置，监理单位内设环保监理部门，由环境监测、环境工程等专业人员担任环境监理工作，在环境总监理工程师的领导下，对承包人的主体工程和污染防治及生态保护工程的质量、进度、费用情况进行监督管理。

（六）监理人员的素质要求

环境监理单位是承担环境监理工作的主体，环境监理工作目前处于试点阶段，各省和行业对环境监理单位的准入和管理不尽相同，但对监理人员的要求较为确定。

1. 熟悉工程建设项目环境污染和生态破坏的特点，掌握必要的环境保护专业知识，能对建设项目施工活动的环境影响、环保措施实施效果、环境监测成果等进行准确的分析判断，从而保证全面实现环境保护目标、污染治理目标和恢复建设目标。

2. 必须具备一定的行业专业技术知识，熟悉工作对象；熟悉工程建设项目的技术要求、施工程序及特点和可能产生的生态环境问题。

3. 具备一定的管理工作经验和相应的工作能力（如表达能力、组织协调能力等），应当熟悉行业标准和环境保护法律法规，能够运用合同解决问题，能够很好地处理多方关系，有效地处理污染事故和有针对性地进行必要的社会调查研究等。

4. 具有相应的执业证书。现阶段，环境监理相关资质证书包括环境保护部环境工程评估中心颁发的培训证书、环境影响评价工程师证书和环境保护工程师证书等。

参考文献

[1] 刘秉琨．环境人体工程学［M］．上海：上海人民美术出版社，2020.

[2] 葛碧洲．环境科学与工程专业实验教程［M］．西安：西安交通大学出版社，2020.

[3] 纪靓靓，马小娜．环境科学与工程创新性实验教程［M］．南京：河海大学出版社，2020.

[4] 崔蕾．建筑环境与能源应用工程实验与实训指导［M］．北京：应急管理出版社，2020.

[5] 王怀宇，王惠丰，雷旭阳．环境工程施工技术［M］．北京：化学工业出版社，2020.

[6] 廖传华．能源环境工程［M］．北京：化学工业出版社，2020.

[7] 岳秀萍．土木与环境工程导论［M］．北京：高等教育出版社，2020.

[8] 邹志荣，李建明．设施农业环境工程学［M］．北京：中国农业出版社，2020.

[9] 王国惠．环境工程微生物学［M］．北京：科学出版社，2020.

[10] 魏亮亮．环境工程专业毕业设计指南与制图［M］．哈尔滨：哈尔滨工业大学出版社，2020.

[11] 韩智勇．环境工程专业实习指导书［M］．北京：化学工业出版社，2020.

[12] 柳丽芬．环境生态工程实验［M］．北京：科学出版社，2020.

[13] 张伟，蒋磊，赖月媚．水利工程与生态环境［M］．哈尔滨：哈尔滨地图出版社，2020.

[14] 范涛廷，柏杨，祝伟．水利与环境信息工程［M］．哈尔滨：哈尔滨地图出版社，2020.

[15] 李飞鹏，徐苏云，毛凌晨．环境生物修复工程［M］．北京：化学工业出版社，2020.

［16］朱超 . 环境科学与工程的创新实践［M］. 西安：西北工业大学出版社，2020.

［17］徐航 . 环境科学与工程专业英语［M］. 北京：化学工业出版社，2020.

［18］左晨燕 . 国防环境科学与工程文集［M］. 北京：化学工业出版社，2020.

［19］倪泽敏 . 生态环境保护与水利工程施工［M］. 长春：吉林科学技术出版社，2020.

［20］张琨 . 建筑环境与能源应用工程专业英语［M］. 大连：大连理工大学出版社，2020.

［21］廖传华 . 环境能源工程［M］. 北京：化学工业出版社，2021.

［22］银玉容，马伟文 . 环境工程实验［M］. 北京：科学出版社，2021.

［23］闫学全，田恒，谷豆豆 . 生态环境优化和水环境工程［M］. 汕头：汕头大学出版社，2021.

［24］王洪臣 . 环境科学与工程导论［M］. 北京：中国建筑工业出版社，2021.

［25］赵静，盖海英，杨琳 . 水利工程施工与生态环境［M］. 长春：吉林科学技术出版社，2021.

［26］吕学研 . 调水引流工程湖泊生态环境效应［M］. 北京：科学出版社，2021.

［27］傅俊萍 . 建筑环境与能源应用工程实验教程［M］. 长沙：中南大学出版社，2021.

［28］杨东梅 . 船舶舱室环境工程概论［M］. 哈尔滨：哈尔滨工程大学出版社，2020.

［29］林海，吕绿洲 . 环境工程微生物学实验教程［M］. 北京：冶金工业出版社，2020.